U0059393

ANSYS V12 影音教學範例

(附影音教學光碟)

謝忠祐‧蔡國銘‧陳明義‧林佩儒‧林一嘉‧林明毅　編著

全華圖書股份有限公司

虎門科技股份有限公司

http://www.cadmen.com

國內唯一能提供完整軟體分析方案及擁有全方位技術服務能力的公司

RECURDYN 多剛柔體動力學分析
SAP Business One 企業 e 化軟體
ARENA 工商業自動化流程模擬
AUTOFORM 專用鈑金成形設計和分析
ENSIGHT 視算工程特效處理
CHEMKIN 化學燃燒反應流分析

ANSYS®

ANSYS FATIGUE 疲勞分析套件
ANSYS HPC 高性能平行運算
FLUENT 泛用型流體動力學
CFX 泛用型流體動力學
FLOWIZARD 設計導向流體動力分析
FLUENT FOR CATIA V5
TGRID 非結構性網格產生器
ICEPAK 專用散熱分析和設計
AIRPAK 專用建築空調設計和分析
ANSYS ICEM CFD 高階通用網格器
ANSYS nCode DesignLife 高階疲勞分析套件
ANSYS SpaceClaim 2D/3D高階直接建模套件
ANSYS Rigid Dynamics 剛體動力套件
ANSYS PEM 壓力容器設計分析套件
POLYFLOW 聚合物製程和玻璃成形分析
ANSYS ICCM
ANSYS AQWA 多體水力學分析
ANSYS ASAS 水中結構分析
ANSYS AUTODYN 衝擊穿甲爆破分析
ANSYS BLADEMODELER-
專用專業渦輪葉片設計
ANSYS CFX 泛用型流體動力學分析
ANSYS DESIGNMODELER 參數化建模設計
ANSYS DESIGNSPACE 工程師概念設計工具
ANSYS DESIGNXPLORER 多目標優化套件
ANSYS ICEMAX 專用電子原件寄生參數萃取工具

ANSYS LS-DYNA 非線性動力分析
ANSYS MECHANICAL 高階結構和熱分析
ANSYS MULTIPHYSICS 多重物理耦合分析
ANSYS PROFESSIONAL 結構和熱分析
ANSYS STRUCTURAL 高階結構分析
ANSYS EMAG 低高電磁場分析
ANSYS TURBOGRID 專用渦輪機網格產生器
ANSYS CivilFEM 土木建築套件

台中分公司：台中市文心路三段 447 號 30 樓　電話：04-22966080
台北總公司：台北縣三重市重新路五段 635-2 號 10 樓　電話：02-29958040

序

　　本書為 Quarx 夸克工作室系列叢書中第 54 本，為因應科技大學「電腦輔助工程分析(CAE)」數位教材而設計。指定本書為課本的老師，可以將附書光碟中之影音檔直接上傳在數位平台，進行全影音數位教學。ANSYS 是 CAE 市場占有率超過九成的高階軟體，幾乎所有 CAE 相關的人都無法避免使用 ANSYS。在第 12 版中，整個介面、解題結構與功能大躍進，因此學習 ANSYS V.12 的新介面與結構是 ANSYS 使用者非常重要的課題。希望在完整的多媒體引導下，讀者能快速習得 ANSYS 電腦輔助工程分析的課程內容，提升學習效能與競爭力。

　　本書分為兩部分：

　　第一部分以 Workbench 介面介紹嶄新的 ANSYS V.12 解題結構，第二部分則以大家熟悉的傳統介面介紹 ANSYS 工程分析。各部分再分為基本範例及原廠教學範例兩大部分，並針對每一個題目製作影音教學課程光碟。這些影音資料花費大量精力製作出來，非常珍貴，對於工程師的技術升級有很大的幫助。

　　Quarx 夸克工作室多年來秉持為 CAD/CAE/CAM 的普及化而奉獻著，藉由一群非營利事業的專業工作夥伴默默為社會大眾服務，讀者的建言與鼓勵是 Quarx 夸克工作室的原動力。本書得以完成，衷心感謝全華圖書公司的大力協助，作者們對其執行效率與專業判斷非常敬佩，最後感謝工作夥伴的投入與家人的支持與鼓勵，使得平凡的理想能逐步實現。本書雖經過多次的修改與校對，難免還有問題疏失，若有介紹不周之處，敬請不吝指教。

作者：謝忠祐・蔡國銘・陳明義・林佩儒・林一嘉・林明毅

謹識於　國立勤益科技大學　機械工程系

hsieh100@ncut.edu.tw

編輯部序

「系統編輯」是我們的編輯方針，我們所提供給您的，絕不只是一本書，而是關於這門學問的所有知識，它們由淺入深，循序漸進。

ANSYS 是 CAE 市場占有率超過九成的高階軟體，幾乎所有 CAE 相關的人都無法避免使用 ANSYS。在第 12 版中，整個介面、解題結構與功能大躍進，因此學習 ANSYS V.12 的新介面與結構是 ANSYS 使用者非常重要的課題。希望在完整的多媒體引導下，讀者能快速習得 ANSYS 電腦輔助工程分析的課程內容，提升學習效能與競爭力。

本書分為兩部分：第一部分以 Workbench 介面介紹嶄新的 ANSYS V.12 解題結構，第二部分則以大家熟悉的傳統介面介紹 ANSYS 工程分析。各部分再分為基本範例及原廠教學範例兩大部分，並針對每一個題目製作影音教學課程光碟。這些影音資料花費大量精力製作出來，非常珍貴，對於工程師的技術升級有很大的幫助。

同時，為了使您能有系統研習相關方面的叢書，我們列出各有關圖書，以減少您研習此門學問的摸索時間，並能對這門學問有完整的知識。若您在這方面有任何問題，歡迎來函聯繫，我們將竭誠為您服務。

相關叢書介紹

書號：05481017
書名：ANSYS 電腦輔助工程實務分析
　　　(附範例光碟)
編著：陳精一
16K/824 頁/650 元

書號：10448007
書名：SOLIDWORKS Simulation 2015
　　　原廠教育訓練手冊(附範例光碟)
編著：實威國際股份有限公司
16K/688 頁/880 元

書號：0519605
書名：ANSYS 入門(第六版)
編著：康 淵.陳信吉
16K/376 頁/420 元

書號：05961
書名：Moldex 3D 模流分析技術與應用
編著：科盛科技股份有限公司
16K/340 頁/580 元

書號：05957017
書名：COSMOSWorks 電腦輔助工程
　　　分析－入門篇 Designer
　　　(附範例光碟)(修訂版)
編著：實威國際股份有限公司
16K/272 頁/450 元

書號：06135
書名：電腦輔助工程模流分析應用
編著：黃明忠.許志芬.姜勇道.傅 建
16K/304 頁/380 元

書號：10349007
書名：輕鬆學會 SolidWorks Professional
　　　(附動畫影音教學光碟)
編著：實威國際股份有限公司
16K/432 頁/500 元

◎上列書價若有變動，請以
　最新定價為準。

目　錄

Part 1 — ANSYS Workbench 介面

Part 2 — ANSYS 傳統介面

Part 1

ANSYS Workbench 介面

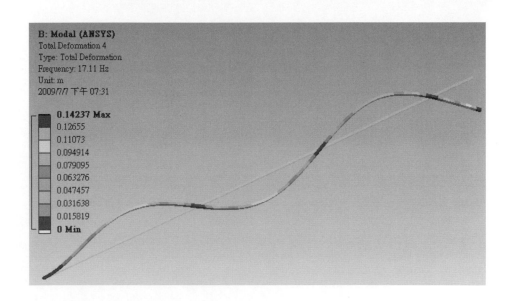

第一章

ANSYS Workbench 基本範例

- 範例 1 懸臂樑之靜力分析(集中負荷)特性
- 範例 2 懸臂樑自然振動分析
- 範例 3 懸臂樑之挫屈分析
- 範例 4 樑之熱膨脹
- 範例 5 懸臂樑之熱應力
- 範例 6 懸臂樑之暫態熱傳導分析
- 範例 7 結構之電熱翹曲變形
- 範例 8 孔板之應力集中

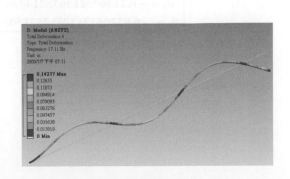

範例 1　懸臂樑之靜力分析(集中負荷)特性

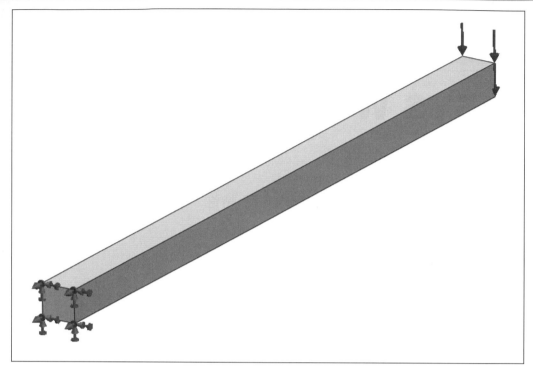

問題：一方形截面之樑，每邊長為 5 公分，在左端夾持固定後，在右端以一個 y 軸方向集
　　　中力 F_y，試以有限元素法求末端撓度。

條件：L = 10 (m)

　　　$b = h = 5 \times 10^{-2}$ (m)

　　　E(Young's Modulus) $= 3.0 \times 10^{11}$ (m^2)

　　　$F_y = 100$ (N)

理論解：
$$\begin{cases} u_2 = -0.0667735042735044537 \\ \theta_2 = -0.0240384615384616084 \\ u_3 = -0.213675213675214248 \\ \theta_3 = -0.0320512820512821505 \end{cases}$$

一、系統環境設定

1.　將 SolidWorks 圖檔\Beam2.SLDPRT 載入至 SolidWorks。

2.　進入 ANSYS Workbench。

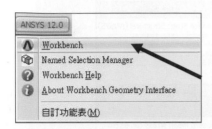

3.　將 $\boxed{\text{Static Structural (ANSYS)}}$ 拉至 Geometry。

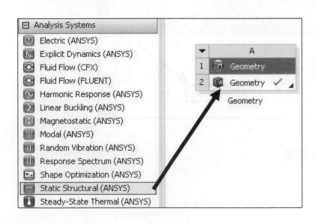

4. 點選 <img_2 /> 選擇 Engineering Data 下的 Structural Steel。將 Young's Modulus，並在 Value 設定為 3E+11(Pa)。

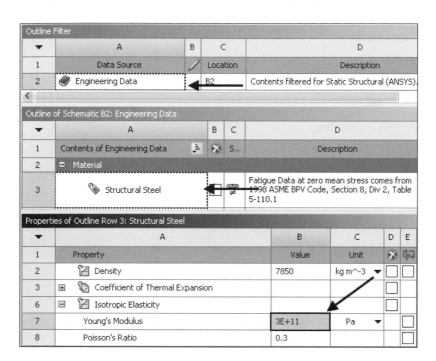

5. 點選 ⬅Return to Project ，回到專案。

二、制定條件

1. 在 Model 右鍵點選 Edit 進入工作平台。

2. 確認 Geometry 下的 Beam2，為預設材料 Structural Steel。

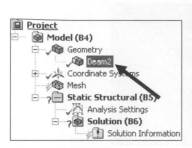

3. 選擇 Mesh 下的 Insert > Sizing。

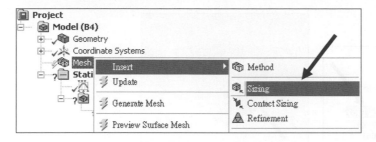

使用工具列中的 Body，選擇實體。

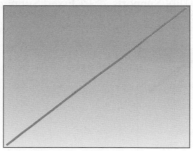

在 Geometry 選項按下 Apply，將 Element Size 設定為 0.01(m)。

Scope		
Scoping Method	Geometry Selection	
Geometry	Apply	Cancel
Definition		
Suppressed	No	
Type	Element Size	
Element Size	1.e-002 m	
Behavior	Soft	

在 Mesh 右鍵點選 Generate Mesh。

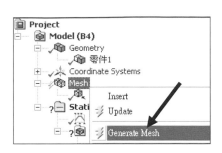 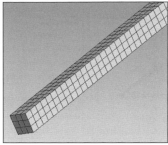

4. 按下 Static Structural，點選端面。

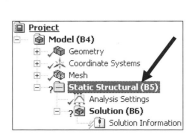 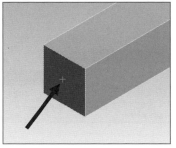

點選工具列中的 Supports 選擇 Fixed Support。

5. 按下 Static Structural，點選另一端面。

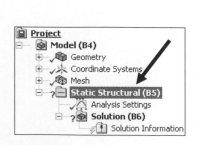 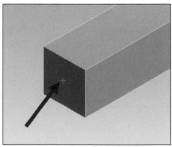

點選工具列中的 Loads 選擇 Force，將 Define By 改爲 Components，將 Y Component 設定爲-100(N)。

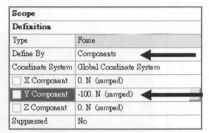

6.　在 Solution 點選工具列中的 Deformation 選擇 Total。

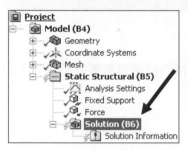

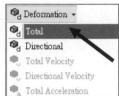

再點選工具列中的 Stress 下選擇 Equivalent(von-Mises)及 Strain 下選擇 Equivalent (von-Mises)。

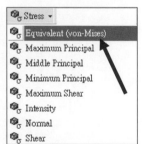

三、進行分析

點選工具列中的 Solve，進行分析。

四、結果

在 Solution 下點選 Total Deformation。

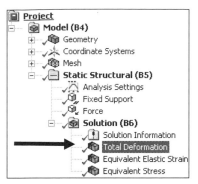 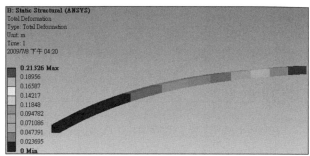

五、結論

理論解為 0.213675 而 ANSYS 解為 0.21326，由於網格的疏密會影響數值運算上的誤差，但此題誤差不到 5%，因此答案是合理的。

範例 2　懸臂樑自然振動分析

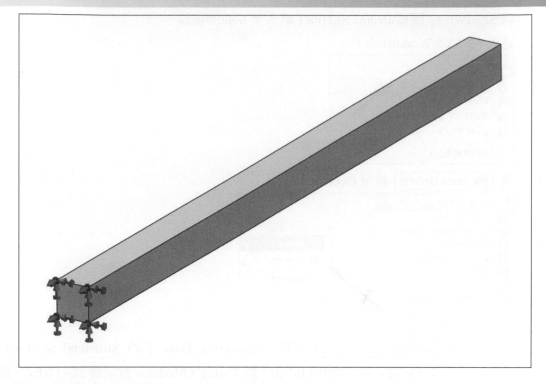

問題：一方形截面之鋼樑長度為 10 m，截面每邊長為 5 cm，在左端夾持固定，試分析其自然振動之頻率。

條件：L = 10(m)

　　　b = h = 5×10^{-2}(m)

　　　E(Young's Modulus) = 3×10^{11}(N/m²)

　　　ν (Poissons's Ratio) = 0.3

　　　ρ = 7900(kg/m²)

理論解：F = 30.8553，10.6309，3.1432，0.497245(公式解)

一、系統環境設定

1. 將 SolidWorks 圖檔\Beam2.SLDPRT 載入至 SolidWorks。

2. 進入 ANSYS Workbench。

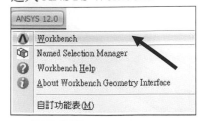

3. 將 [Modal (ANSYS)] 拉至 Geometry。

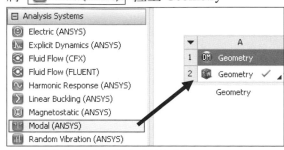

4. 點選 [Engineering Data ✓] 選擇 Engineering Data 下的 Structural Steel，在 Density，將 Value 設定為 7900(kg m^-3)，將 Young's Modulus 設定為 3E+11(Pa)，確認 Poisson's Ratio 為 0.3。

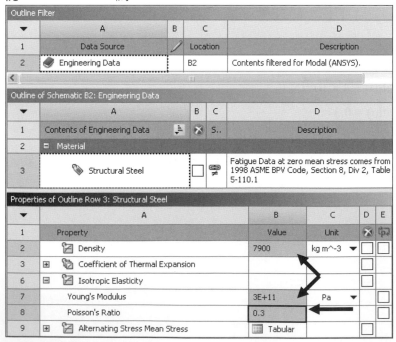

5. 點選 ，回到專案。

二、制定條件

1. 在 Model 右鍵點選 Edit 進入工作平面。

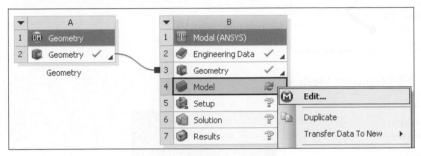

2. 點選 Unit 下拉式功能表，選擇 Metric(m, kg, N, s, V, A)。

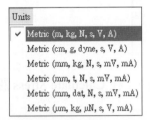

3. 選擇 Mesh 下的 Insert > Sizing。

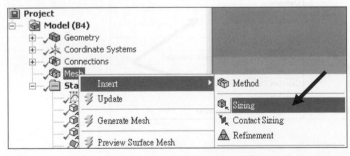

使用工具列中的 Body，選擇實體。

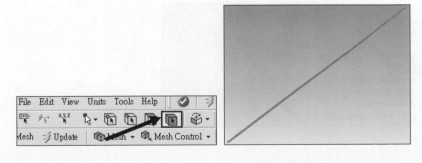

將 Element Size 設定為 0.02(m)。在 Geometry 選項按下 Apply。

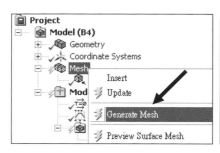

選擇 Mesh 下的 Generate Mesh。

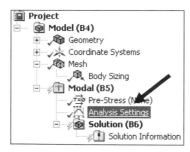
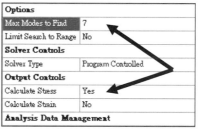

4. 按下 Analysis Settings。設定 Max Modes to Find 為數目 7。在 Calculate Stress 設定為 Yes。

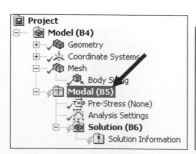
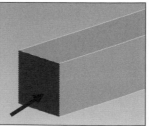

5. 按下 Modal，點選面。

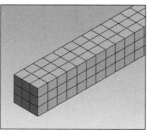

點選工具列中的 Supports 選擇 Fixed Support，在 Geometry 選項按下 Apply。

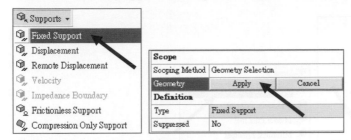

6.　點選 Solution 選擇 Deformation 下拉式功能表下的 Total。

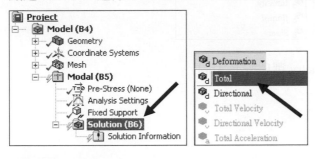

再選擇 Total Deformation，設定 Mode 為 1。

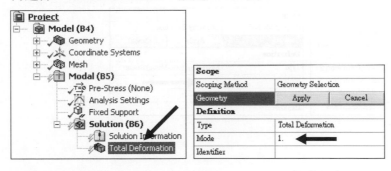

重複上面動作再將 Mode 增設為 3、5、7。

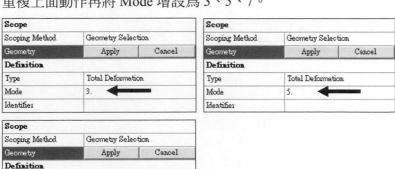

7. 點選 Solution 選擇 Stress 下拉式功能表下的 Equivalent(von-Mises)。

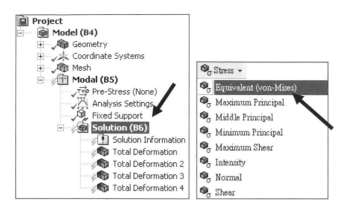

設定 Mode 為 7。並在 Geometry 選項按下 Apply。

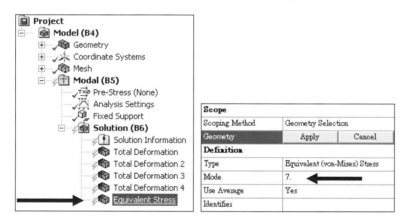

三、進行分析

點選工具列上的 Solve，進行分析。

四、結果

1. 在 Solution 下點選 Total Deformation。

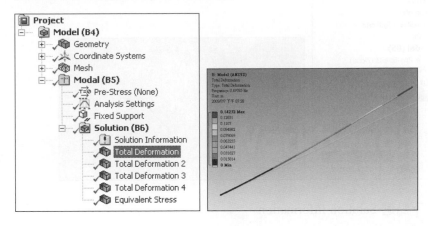

Total Deformation 2。

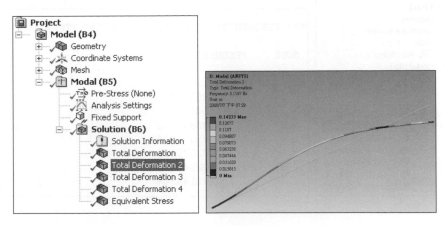

Total Deformation 3。

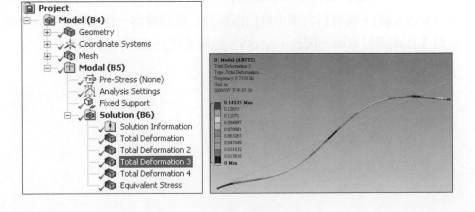

Total Deformation 4。

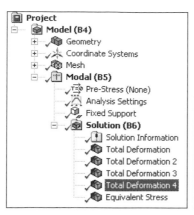
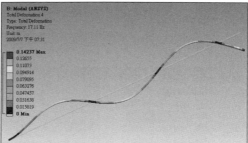

2. 在 Solution 下點選 Solution Information。

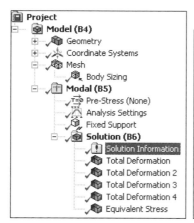

```
*** FREQUENCIES FROM BLOCK LANCZOS ITERATION ***

MODE     FREQUENCY (HERTZ)


  1     0.4978620555542
  2     0.4978654173305
  3     3.119693942872
  4     3.119695021577
  5     8.733602279110
  6     8.733602843625
  7     17.10971144344
```

五、結論

F=30.8553、10.6309、3.1432、0.497245(公式解)，F=0.4978620555542、3.119693942872 、8.733602279110(ANSYS 解)，在材料力學中自然振動分析是假設為一條直線來進行分析，而 ANSYS 中是以 3-D 來進行求解，因此，ANSYS 的解會比公式解來的準確。

範例 3 懸臂樑之挫屈分析

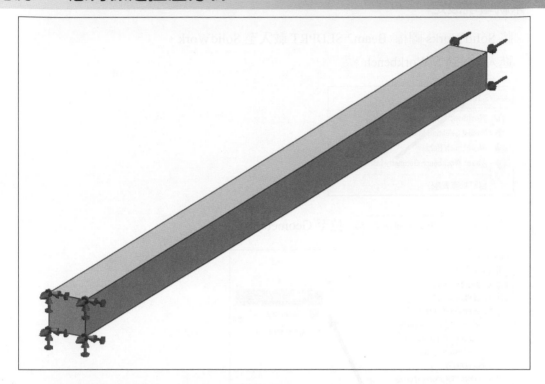

問題：一方形截面之鋼樑長度為 10 m，截面每邊長為 5 cm，在左端夾持固定，在右端施以 −Z 軸方向之集中力 F，試分析其挫屈模型。

條件：L = 10(m)

b = h = 0.05(m)

$I = 5.2 \times 10^{-7} (m4)$

$E(\text{Young's Modulus}) = 3.0 \times 10^{11} (N/m^2)$

ν (Poisson's Ratio) = 0.3

Fz = −1 (N)

理論解：λ = 309963，120217，35795.8，3851.1(公式解)

一、系統環境設定

1. 將 SolidWorks 圖檔\ Beam2.SLDPRT 載入至 SolidWork。

2. 進入 ANSYS Workbench。

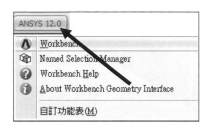

3. 將 Static Structural (ANSYS) 拉至 Geometry。

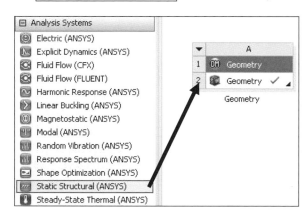

將 Linear Buckling (ANSYS) 拉至 Static Structural 下的 Solution。

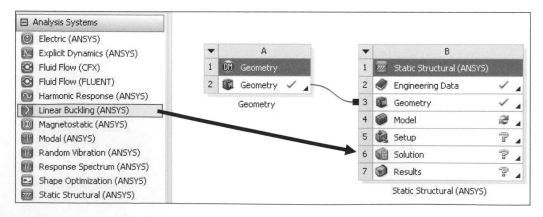

4. 在 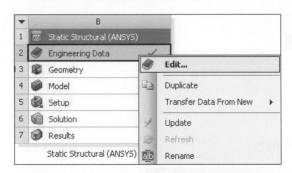 右鍵點選 Edit。

5. 點選 Engineering Data，在 Young's Modulus 輸入 3E+11。

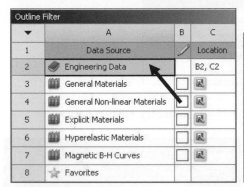

6. 點選 Save 儲存專案。

7. 點選 [← Return to Project]，回到專案。

二、制定條件

1. Static Structural 分析

(1) 在 Static Structural 下的 Mode 右鍵 Edit 進入工作平面。

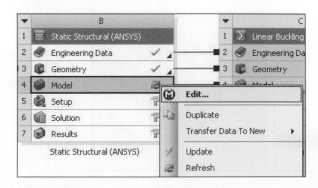

(2) 點選 Unit 下拉式功能表，選擇 Metric(m, kg, N, s, V, A)。

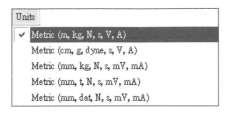

(3) 點選 Mesh 右鍵選擇 Insert > Sizing。

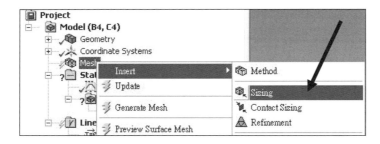

(4) 在 Element Size 輸入 0.02(m)點選整體並且在 Geometry 按下 Apply。

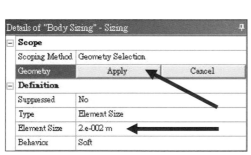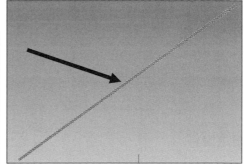

(5) 點選 Mesh 右鍵選擇 Generate Mesh 產生網格。

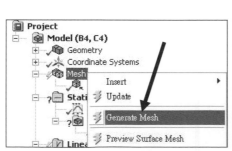

(6) 點選 Static Structural，點左端的面。

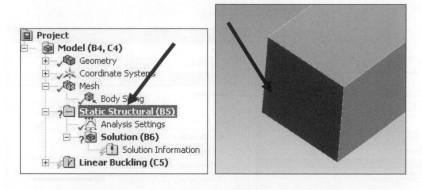

　　點選 Supports 下拉式功能表，下的 Fixed Support，並且在 Geometry 按下 Apply。

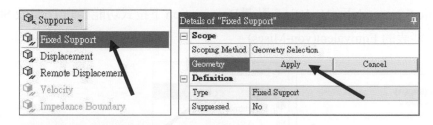

(7) 點選右端的面，點選 Loads 下拉式功能表的 Force。

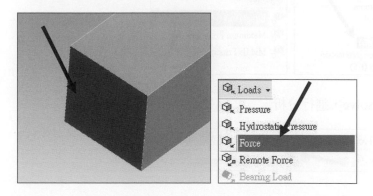

將 Define By 設定為 Components，在 Z Components 設定為 1(N)在 Geometry 按下 Apply。

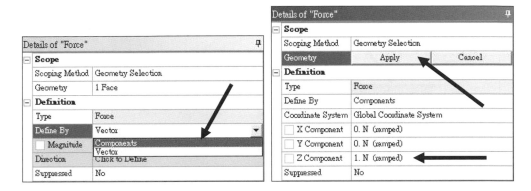

(8)　點選 Static Structural 下的 Solution，點選 Deformation 下拉式功能表的 Total 及 Stress 下拉式功能表的 Equivalent(von-Mises)。

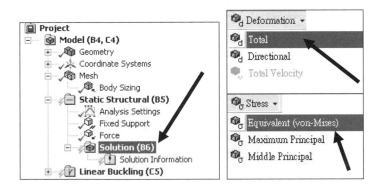

(9)　點選工具列上的 Solve，進行分析。

2. Linear Buckling 分析

    (1) 點選 Linear Buckling 下的 Analysis Settings，將 Max Modes to Find 設定為 5，並且將 Output Controls 下的 Calculate Stress 設定為 Yes。

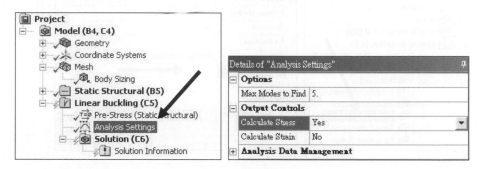

    (2) 點選 Linear Buckling 下的 Solution，點選 Deformation 下拉式功能表的 Total 點選三次，及點選 Stress 下拉式功能表的 Equivalent(von-Mises)。

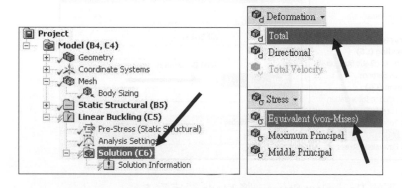

    (3) 點選 Solution 下的 Total Deformation，將 Mode 設定為 5。

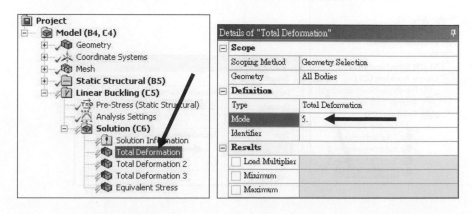

點選 Solution 下的 Total Deformation 2，將 Mode 設定為 3。

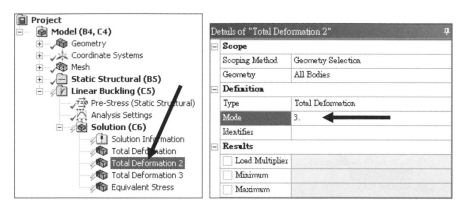

點選 Solution 下的 Total Deformation 3，將 Mode 設定為 1。

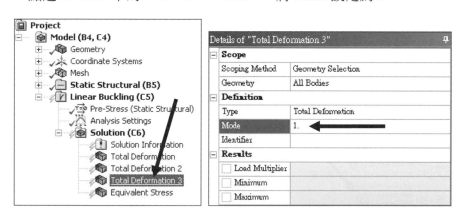

點選 Solution 下的 Equivalent Stress，將 Mode 設定為 5。

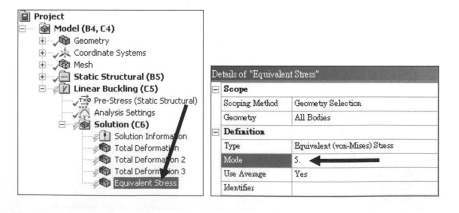

(4) 點選工具列上的 Solve，進行分析。

(5) 結果

點選後處理工具列上設定 Show Undeformed WireFrame，將原始外型疊加在分析後上。

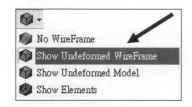

點選 Solution 下的 Total Deformation。

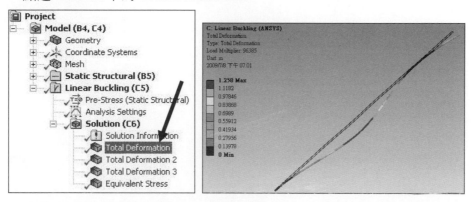

點選 Solution 下的 Solution Information。

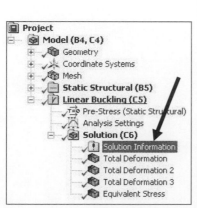

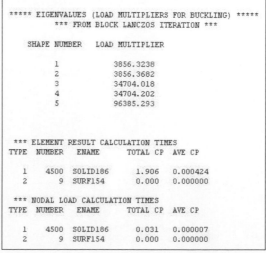

三、結論

λ = 309963，120217，35795.8，3851.1 (公式解)，λ = 3856.2488,3856.4340, 34703.847, 34704.707, 96384.978(ANSYS 解)，在材料力學中，挫屈的計算是以在 2-D 平面上的一條直線來代表樑故自由度較低，而在 ANSYS 中的計算是以 3-D 的情況進行計算，因此，ANSYS 的解會比公式解來的準確。

範例 4 樑之熱膨脹

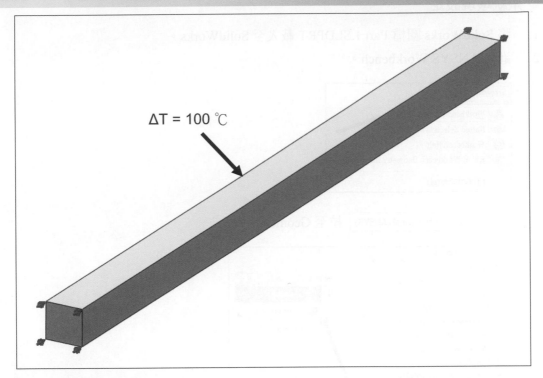

問題：樑之兩側橫向位移爲零，並承受溫度差爲 100℃的高溫，試求其樑之應力值。

條件：E(Young's Modulus) = 3×10^{11}(Pa)

ν(Poisson's Ratio) = 0.3

α(Coefficient of Thermal Expansion) = 1×10^{-5}(C^{-1})

ΔT = 100(℃)

理論解：ε = α × ΔT = $1 \times 10^{-5} \times 100 = 10^{-3}$

σ = E × ε = E × α × ΔT = $3 \times 10^{11} \times 10^{-3} = 3 \times 10^{8} = 300$(MPa)

一、系統環境設定

1. 將 SolidWorks 圖檔\Part 1.SLDPRT 載入至 SolidWorks。

2. 進入 ANSYS Workbench。

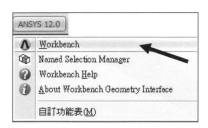

3. 將 Static Structural (ANSYS) 拉至 Geometry。

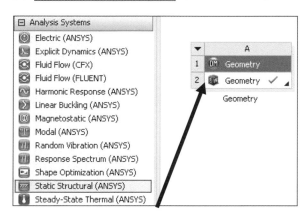

4. 對著 Static Structural 裡的 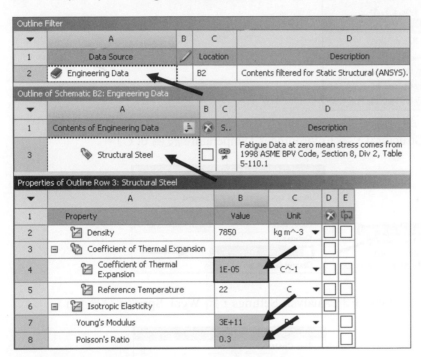 點選開啟,並點選
   Engineering Data 裡的 Structural Steel 將其材料之 Coefficient of Thermal Expansion 設
   為 1E-05(C^-1)及 Young's Modulus 設為 3E+11(Pa)而 Poisson's Ratio 設為 0.3。

5. 點選 ← Return to Project ,返回至專案。

二、制定條件

1. 對 Static Structural 內的 Model 按下右鍵點選 Edit 進入工作平面。

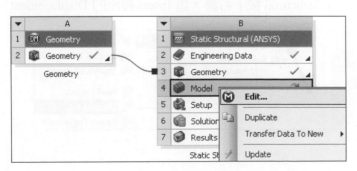

2. 點選 Unit 下拉式功能表，選擇 Metric(mm , kg, N, s, mV, mA)。

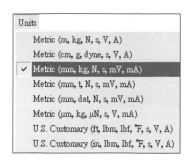

3. 點選 Static Structural，將 Environment Temperature 設為 0(℃)。

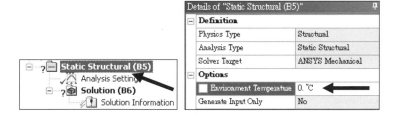

4. 點選 Static Structural 下的 Analysis Settings，將 Weak Springs 設為 On。

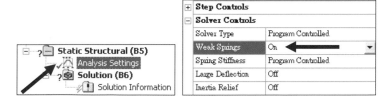

5. 選取桿件之兩端，對 Static Structural 按下右鍵，選 Insert 裡面的 Displacement。

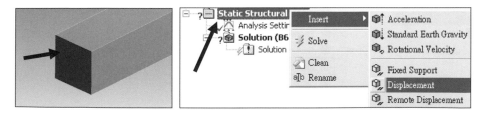

Z Component 設為 0(mm)。

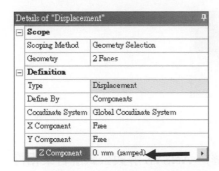

6. 按下工具列上的 ⬚ 再選取整根桿件，對 Static Structural 按下右鍵，選 Insert 裡面的 Thermal Condition，再將 Magnitude 設為 100(°C)。

7. 點選 Static Structural 下的 Solution，再點選 Stress 下的 Equivalent (von-Mises)。

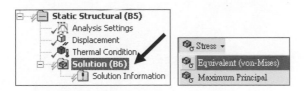

三、分析與結果

1. 先點選 Model 後再點選工具列上的 Solve，以進行全部的模擬分析。

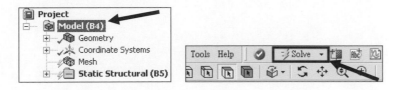

2. 觀看模擬分析後之結果。

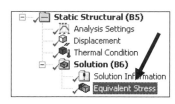 

四、結論

σ = 300(MPa)(公式解)，σ = 300(MPa)(ANSYS 解)，ANSYS 解與公式解答案相符。

範例 5 懸臂樑之熱應力

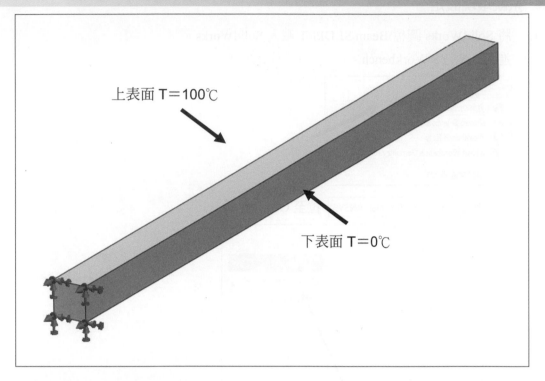

問題：一方形截面之樑，每邊長為 5 公分，在左端挾持固定，上方表面給予 100℃在下方給
予 0℃，試求最後之總位移？

條件：左端夾持固定

上表面 T =100(℃)

下表面 T = 0(℃)

L＝1(m)

E(Young's Modulus) = 3×10^{11}(N/m²)

ν (Poissons's Ratio)= 0.3

α(Coefficient of Thermal Expansion) = 1×10^{-5}(C⁻¹)

一、系統環境設定

1. 將 SolidWorks 圖檔\Beam.SLDPRT 載入 SolidWorks。

2. 進入 ANSYS Workbench。

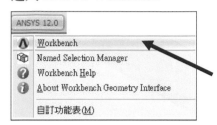

3. 將 Steady-State Thermal (ANSYS) 拉至 Geometry。

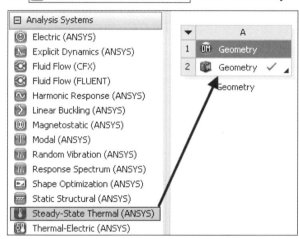

再將 Static Structural (ANSYS) 拉至 Solution。

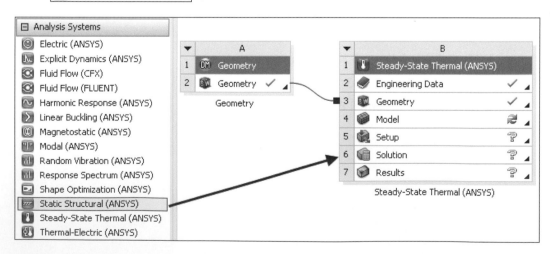

4. 點選 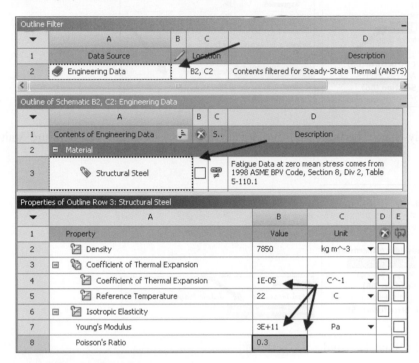 選擇 Engineering Data 下的 Structural Steel，將 Coefficient of Thermal Expansion 設定為 1E-05(C^-1)、Young's Modulus 設定為 3E+11(Pa)，確認 Poisson's Ratio 為 0.3。

5. 點選 ⬅ Return to Project，回到專案。

二、制定條件

1. Steady-State Thermal 分析

   (1) 在 Model 右鍵點選 Edit 進入工作平台。

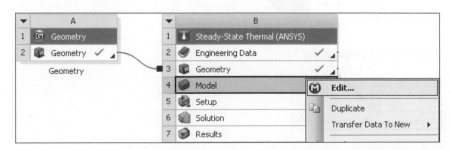

(2) 確認 Geometry 下的 Bean2，爲預設材料 Structural Steel。

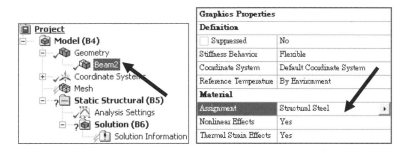

(3) 選擇 Steady-State Thermal 下的 Initial Temperature。將 Initial Temperature Value 設爲 0(℃)。

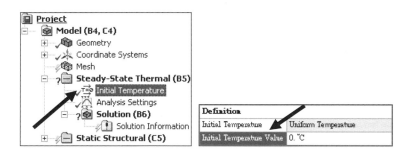

(4) 按下 Steady-State Thermal，點選上表面。

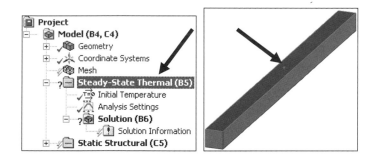

點選工具列中的 Temperature。

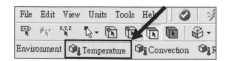

將 Magnitude 設定為 100(℃)，設定完成後按下 Apply。

Scope		
Scoping Method	Geometry Selection	
Geometry	Apply	Cancel
Definition		
Type	Temperature	
☐ Magnitude	100. ℃ (ramped)	
Suppressed	No	

(5) 按下 Steady-State Thermal，點選下表面。

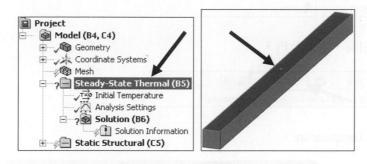

點選工具列中的 Temperature。

將 Magnitude 設定為 0(℃)，設定完成後按下 Apply。

Scope		
Scoping Method	Geometry Selection	
Geometry	Apply	Cancel
Definition		
Type	Temperature	
☐ Magnitude	0. ℃ (ramped)	
Suppressed	No	

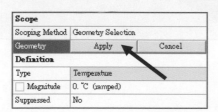

(6) 在 Solution 點選工具列中的 Thermal 選擇 Temperature。

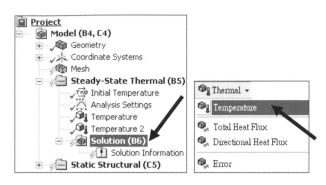

(7) 點選工具列中的 Solve，進行分析。

(8) 在 Solution 下點選 Temperature。

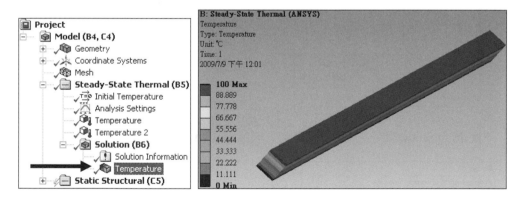

2. Static Structural 分析

(1) 按下 Static Structural，點選端面。

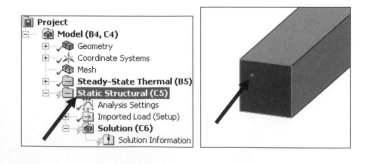

點選工具列中的 Supports 下的 Fixed Support，在 Geometry 按下 Apply。

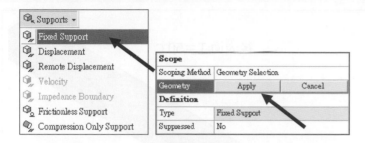

(2)　在 Solution 點選工具列中的 Deformation 選擇 Total。

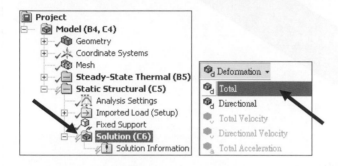

(3)　點選工具列中的 Solve，進行分析。

(4)　在 Solution 下點選 Total Deformation。

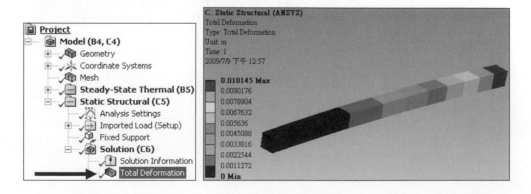

範例 6 懸臂樑之暫態熱傳導分析

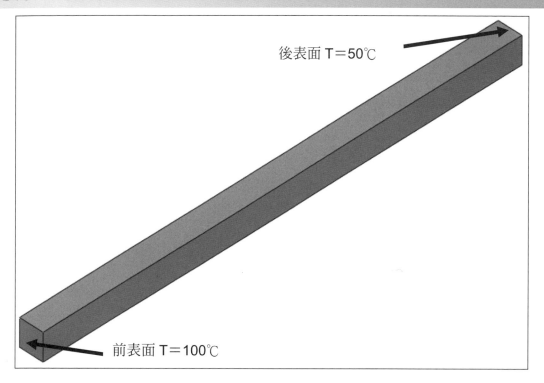

後表面 T＝50℃

前表面 T＝100℃

問題：熱傳導分布均勻後，在前表面施予 10 kW/m² 的熱通量，30 秒鐘之後，溫度擴散情形
為何？600 秒鐘之後，溫度擴散情形為何？變形情形如何？

條件：E(Young's Modulus) = 3×10^{11}(N/m²)

ν (Poissons's Ratio) = 0.3

α(Coefficient of Thermal Expansion) = 1×10^{-5}

前表面 T=100(℃)

後表面 T=50(℃)

熱通量=10(kW/m²)

一、系統環境設定

1. 將 SolidWorks 圖檔\Beam.SLDPRT 載入至 SolidWorks。

2. 進入 ANSYS Workbench。

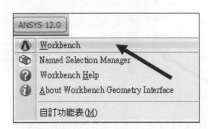

3. 將 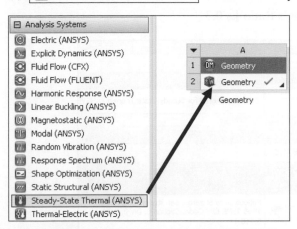 Steady-State Thermal (ANSYS) 拉至 Geometry。

再將 Transient Thermal (ANSYS) 拉至 Solution。

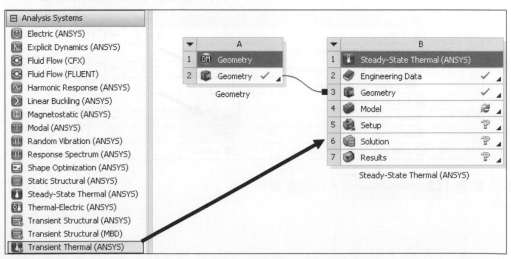

最後將 | Static Structural (ANSYS) | 拉至 Transient Thermal 下的 Solution。

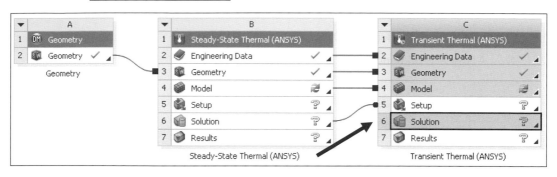

4. 點選 | Engineering Data ✓ | 選擇 Engineering Data 下的 Structural Steel，選擇 Coefficient of Thermal Expansion，並在 Value 設定為 1E-05 (C^-1)，將 Young's Modulus 設定為 3E+11(Pa)，確認 Poisson's Ratio 為 0.3。

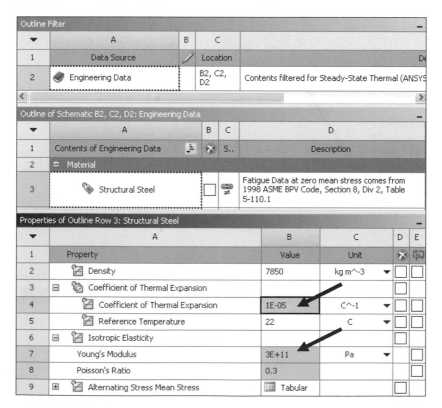

5. 點選 | ← Return to Project |，回到專案。

二、制定條件

1. Static Structural 分析

   (1) 在 Model 右鍵點選 Edit 進入工作平面。

   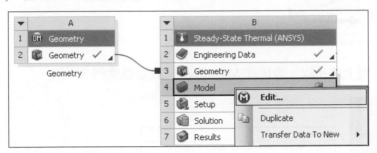

   (2) 點選 Unit 下拉式功能表，選擇 Metric(m, kg, N, s, V, A)。

   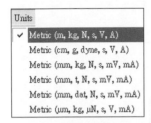

   (3) 設定初始溫度，按下 Initial Temperature。設定 Initial Temperature Value 為 0(℃)。

   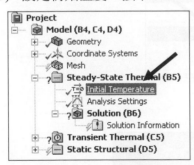

   (4) 按下 Steady-State Thermal，點選面。

   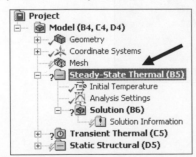
   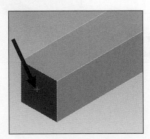

點選 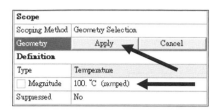 在 Magnitude，設定溫度為 100(℃)。

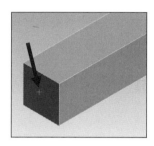

點選另一面，重覆上述步驟，最後在 Magnitude，設定溫度為 50(℃)。

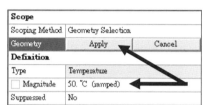

(5) 選擇 Mesh 下的 Insert > Sizing。

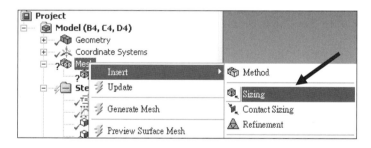

使用工具列中的的 Body，選擇實體。

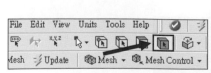

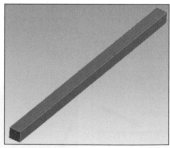

將 Element Size 設定為 0.02(m)。在 Geometry 選項按下 Apply。

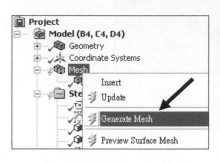

選擇 Mesh 下的 Generate Mesh，開始執行網格。

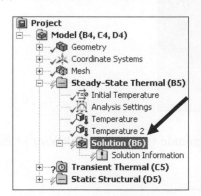

(6) 點選 Solution 選擇 Thermal 下拉式功能表下的 Temperature。

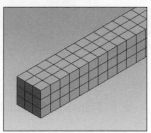

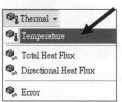

(7) 進行分析，點選工具列上的 Solve，進行分析。

(8) 結果

在 Solution 下點選 Temperature。

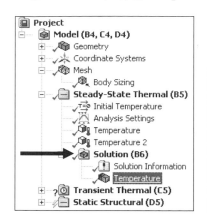 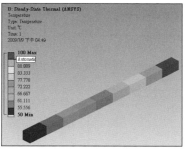

2. Transient Thermal 分析

(1) 30 秒時溫度擴散,按下 Transient Thermal,點選面。

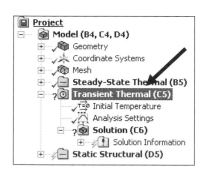 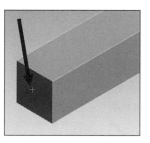

點選工具列中的 Heat 選擇 Heat Flux。在 Magnitude,設定為 10000(W/m²),最後在 Geometry 選項按下 Apply。

(2) 按下 Analysis Settings，先設定 Step End Time 為 30(s)，再設定 Numbers Of Steps
   為 20。

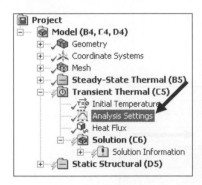
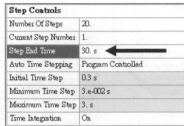

(3) 點選 Solution 選擇 Thermal 下拉式功能表下的 Temperature。

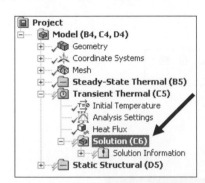

(4) 進行分析，點選工具列上的 Solve，進行分析。

(5) 結果，在 Solution 下點選 Temperature。

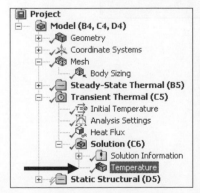
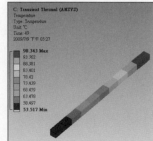

3.　Transient Thermal 分析

(1)　600 秒時溫度擴散，按下 Analysis Settings，先設定 Step End Time 為 600(s)，再設定 Numbers Of Steps 為 20。

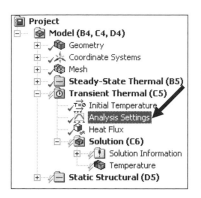

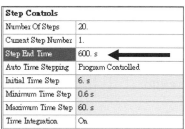

(2)　點選工具列上的 Solve，再次進行分析。

(3)　結果，在 Solution 下點選 Temperature。

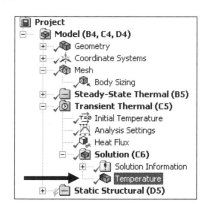

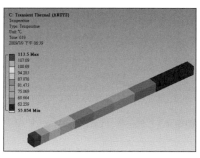

4. Static Structural 分析

(1) 點選 Static Structural，點選面。

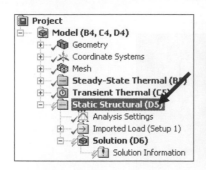

點選工具列中的 Supports 選擇 Fixed Support，在 Geometry 選項按下 Apply。

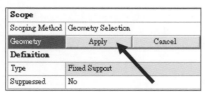

(2) 點選 Solution 選擇 Deformation 下拉式功能表下的 Total。

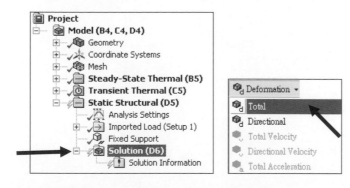

(3) 點選工具列上的 Solve，再次進行分析。

(4) 結果，在 Solution 下點選 Total Deformation。

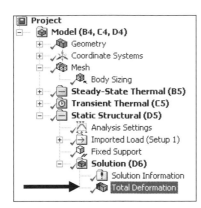
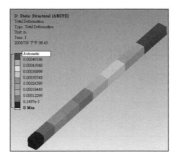

範例 7　結構之電熱翹曲變形

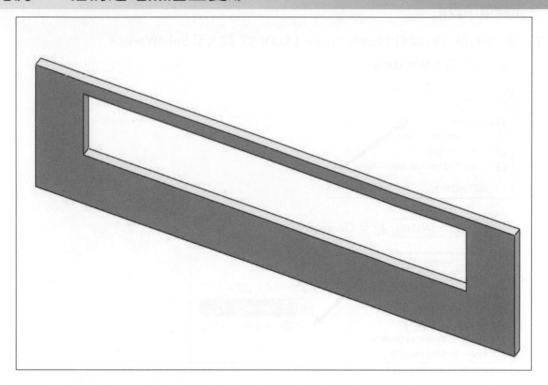

問題：結構鋼左側夾持固定並施加 3 V 電壓，右側自由端接地(電壓 0 V)。經過 60 秒後結構
　　　溫度分部為何？熱翹曲之變形量為何？

一、系統環境設定

1. 將 SolidWorks 圖檔\Electric Thermal.SLDPRT 載入至 SolidWorks。

2. 進入 ANSYS Workbench。

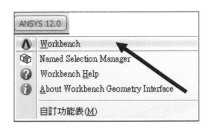

3. 將 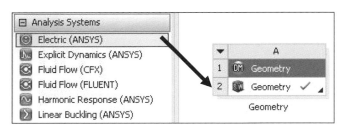 拉至 Geometry。

將 Transient Thermal (ANSYS) 拉至 Electric 下的 Solution。

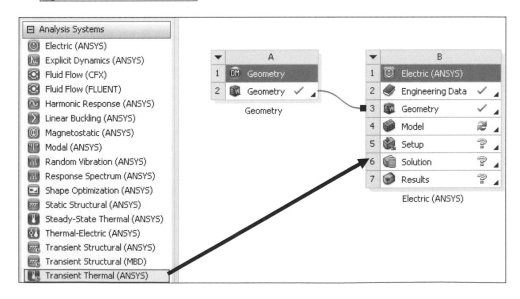

將 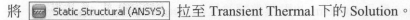 Static Structural (ANSYS) 拉至 Transient Thermal 下的 Solution。

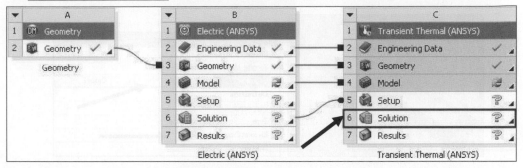

二、制定條件

1. Electric 分析

(1) 在 Electric 下的 Model 按右鍵點選 Edit。

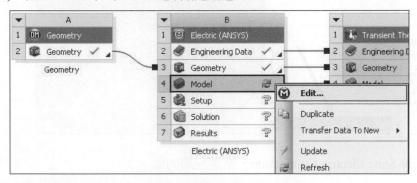

(2) 點選 Units 下拉式功能表，選擇 Metric(m, kg, N, s, V, A)。

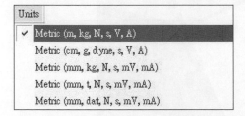

(3) 點選 Mesh 右鍵選擇 Insert＞Sizing。

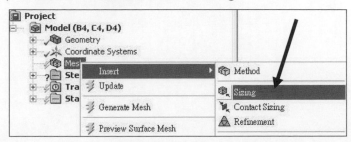

Element Size 輸入 0.001(m)並點選整體並且在 Geometry 按下 Apply。

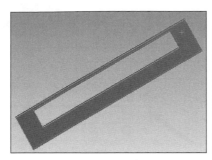 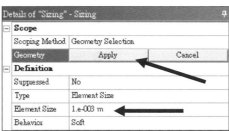

(4) 點選 Mesh 右鍵點選 Generate Mesh 產生網格。

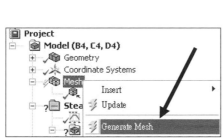 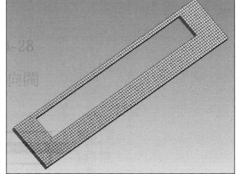

(5) 點選 Steady-State Electric Conduction，點選左端的面。

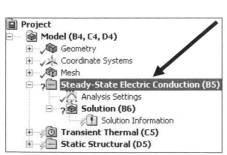 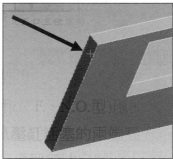

點選 Voltage，在 Magnitude 輸入 3(V)並且在 Geometry 按下 Apply。

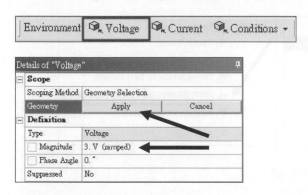

點選右端的面，點選 Voltage，在 Magnitude 輸入 0(V)並且在 Geometry 按下 Apply。

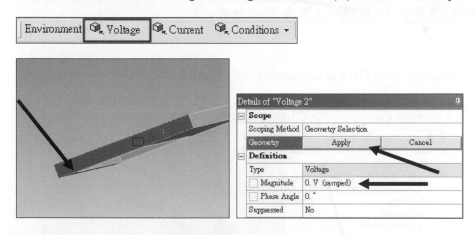

(6)　點選 Steady-State Electric Conduction 下的 Solution。

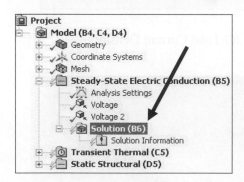

點選 Electric 下拉式功能表點選 Electric Voltage 及 Total Current Density。

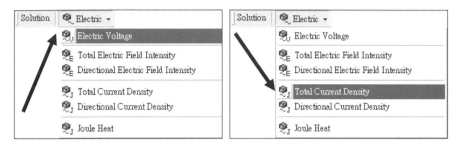

(7) 點選工具列上的 Solve，進行分析。

(8) 結果

點選 Steady-State Electric Conduction 下的 Electric Voltage。

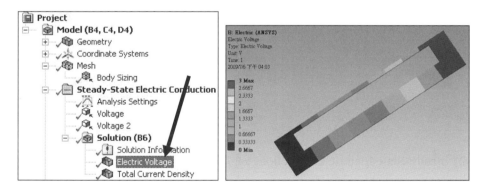

點選 Steady-State Electric Conduction 下的 Total Current Density。

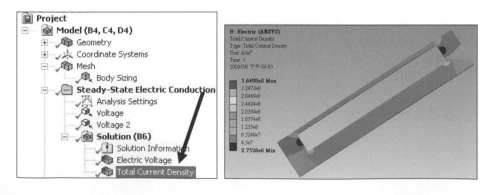

2. Transient Thermal 分析

(1) 點選 Transient Thermal 下的 Initial Temperature 將 Initial Temperature Value 設定為 0(℃)。

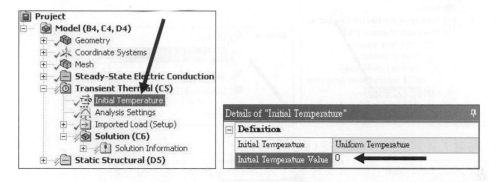

(2) 點選 Transient Thermal 下的 Analysis Settings，將 Step End Time 設定為 60(s)及 Number Of Steps 設定為 10。

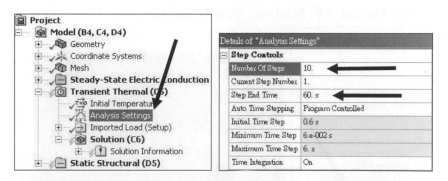

(3) 點選 Transient Thermal 下的 Imported Load (Setup)點選 Imported Heat Generation。

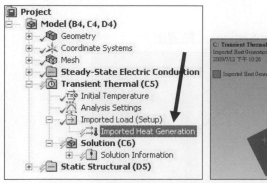
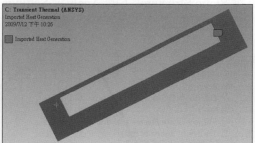

(4) 點選 Transient Thermal 下的 Solution，點選 Thermal 下拉式選單下的 Temperature。

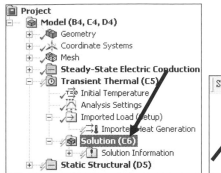 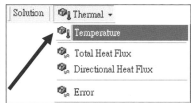

(5) 點選工具列上的 Solve，進行分析。

(6) 結果

點選 Transient Thermal 下的 Solution，點選 Temperature。

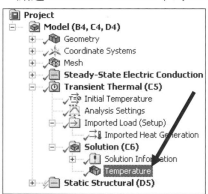 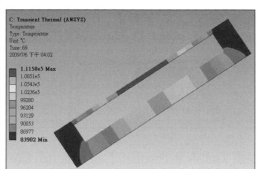

3. Static Structural 分析

(1) 點選 Static Structural 下的 Analysis Settings，點選面。

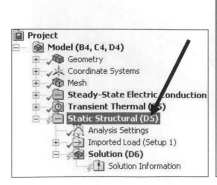 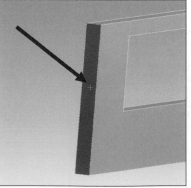

點選 Supports 下拉式功能表的 Fixed Support。

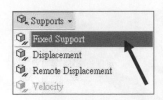

(2) 點選 Static Structural 下的 Solution，點選 Deformation 下拉式功能表的 Total Deformation。

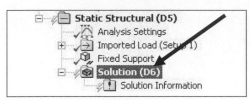 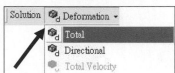

Stress 下拉式功能表的 Equivalent (von-Mises)。

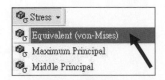

(3) 點選工具列上的 Solve，進行分析。

(4) 結果

點選 Solution 下的 Total Deformation。

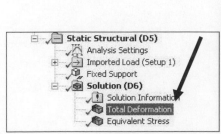 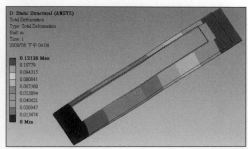

點選 Solution 下的 Equivalent Stress。

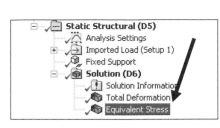

範例 8　孔板之應力集中

問題：一孔板長度為 300 mm、寬為 100 mm、厚度為 2 mm、直徑為 40 mm，兩邊受拉力 1000 N，求其應力最大值。

$$P = 1000.0N; w = 100.0mm; d = 40.0mm; t = 2.0mm$$

$$\sigma_0 = \frac{P}{(w-d)t}$$

$$k = 2 + \left(1 - \frac{d}{w}\right)^3$$

$$\sigma_{Max} = k * \sigma_0$$

理論解：最大應力為 18.4667 MPa

一、系統環境設定

1. 將 SolidWorks 圖檔\hold.SLDPRT 載入 SolidWorks。

2. 進入 ANSYS Workbench。

3. 將 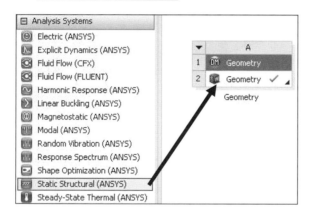 Static Structural (ANSYS) 拉至 Geometry。

二、制定條件

(第一步驟：使用預設網格)

1. 在 Model 右鍵點選 Edit 進入工作平面。

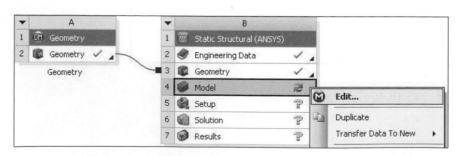

2. 點選 Unit 下拉式功能表，選擇 Metric(m, kg, N, s, V, A)。

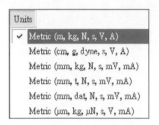

3. 按下 Analysis Settings，將 Weak Springs 設定為 On。

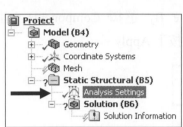

4. 按下 Static Structural，選擇面。

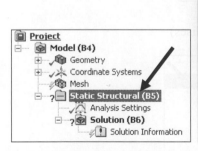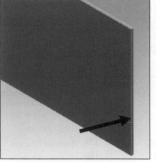

點選工具列中的 Loads 選擇 Force。在 Define By 選擇 Components，並設定
X-Component 為 1000(N)，最後在 Geometry 選項按下 Apply。

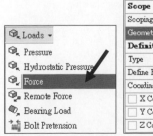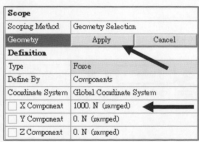

5. 按下 Static Structural，點選另一邊面。

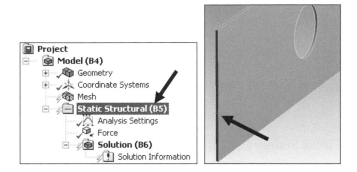

點選工具列中的 Loads 選擇 Force。在 Define By 選擇 Components，並設定 X-Component 為-1000(N)，最後在 Geometry 選項按下 Apply。

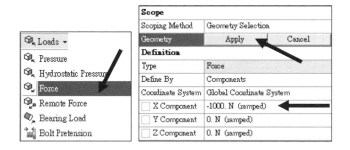

6. 按下 Solution 選擇 Stress 下的 Equivalent(von-Mises)。

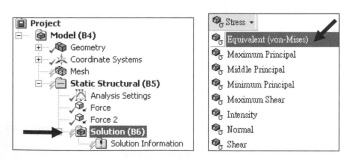

三、進行分析

點選工具列上的 Solve，進行分析。

四、結果

在 Solution 下點選 Equivalent Stress。

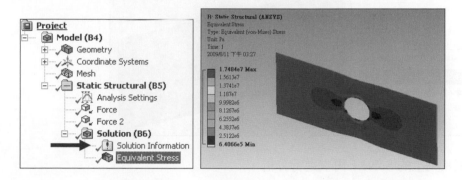

五、更換網格大小重新計算

(第二步驟：在孔面上把網格變細)

1.　選擇 Mesh，點選孔面。

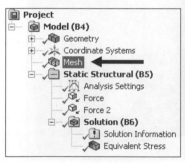
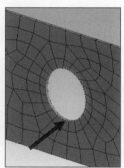

2.　按下工具列中的 Mesh Control，選擇 Sizing。在 Element Size 輸入 1.e-003(m)，最後在 Geometry 選項按下 Apply。

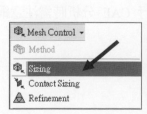

Scope		
Scoping Method	Geometry Selection	
Geometry	Apply	Cancel
Definition		
Suppressed	No	
Type	Element Size	
Element Size	1.e-003 m	
Behavior	Soft	

點選工具列中的 Mesh 選擇 Generate Mesh，完成部分網格重建之工作。

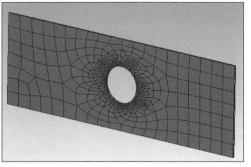

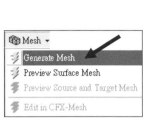

3. 點選工具列上的 Solve，再次進行分析。

4. 在 Solution 下點選 Equivalent Stress。

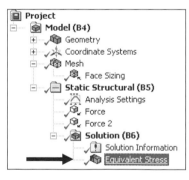
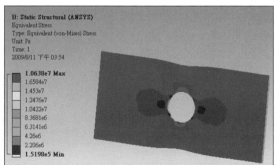

六、結論

　　公式解最大應力為 18.4667(MPa)，網格未細化 17.484(MPa)，而網格細化後為 18.638 (MPa)，由於網格的設計會影響到答案之精準度，因此，在進行 CAE 分析時需注意網格設計的問題。

第二章

ANSYS Workbench 原廠範例

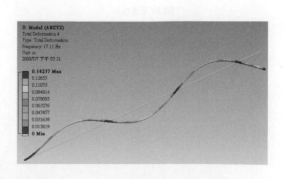

範例 1　零件靜力分析

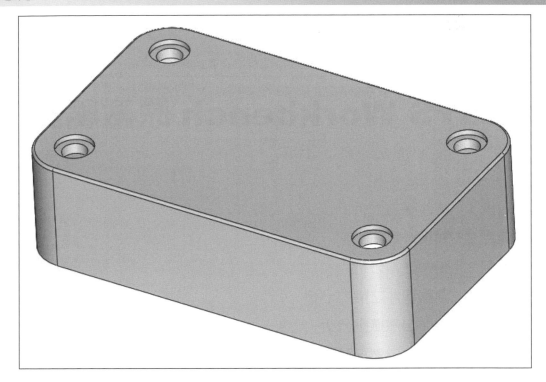

一、系統環境設定

1. 將 SolidWorks 圖檔\Cap_fillets.SLDPRT 載入至 SolidWorks。

2. 進入 ANSYS Workbench。

3. 將 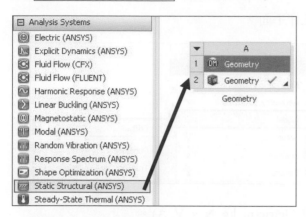 Static Structural (ANSYS) 拉至 Geometry。

4. 在 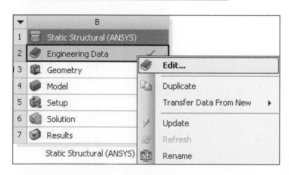 2 Engineering Data ✓ 右鍵點選 Edit。

選擇 General Materials 中的 Aluminum Alloy 點選 🔲 加入。

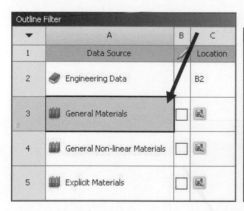
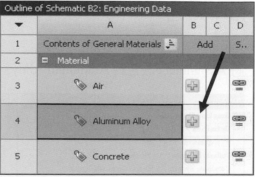

5. 點選 Save 儲存專案。

6. 點選 ◀ Return to Project ，回到專案。

二、制定條件

1. 在 Model 右鍵點選 Edit 進入工作平面。

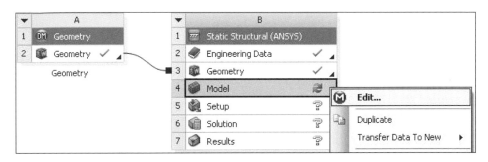

2. 點選 Unit 下拉式功能表，選擇 Metric(m, kg, N, s, V, A)。

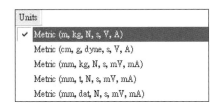

3. 點選 Geometry 下的 Cap_fillets。

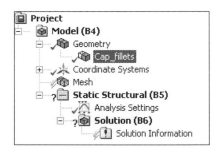

4. 將 Assignment 設定為 Aluminum Alloy。

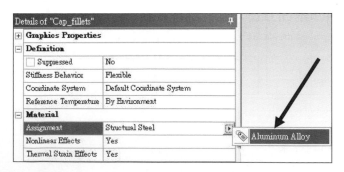

5.　點選 Mesh 右鍵點選 Generate Mesh，產生網格。

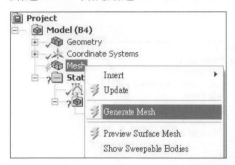

6.　點選 Static Structural，按住 ctrl 鍵選取四個面(如右下圖所示)。

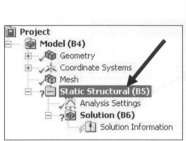

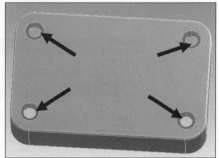

點選 Supports 下拉式功能表下的 Frictionless Support，在 Geometry 選項按下 Apply。

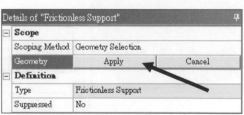

7.　點選 Static Structural 選擇內部的面，再點選 Extend to Limits。

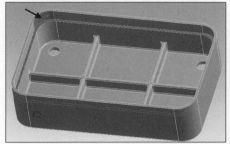

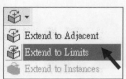

點選 Static Structural。

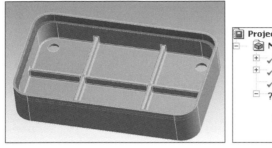
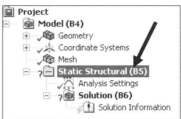

點選下拉式功能表 Supports 的 Frictionless Support，在 Geometry 選項按下 Apply。

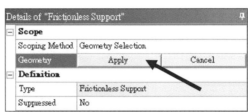

8.　點選 Static Structural 選擇任一面，點選 Extend to Limits。

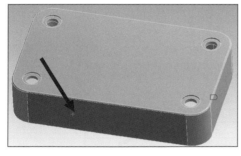

點選 Loads 下拉式功能表下的 Pressure。

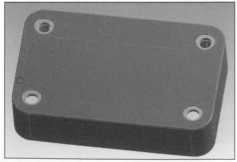

在 Magnitude 輸入 1.e+006(Pa)的壓力，並在 Geometry 選項按下 Apply。

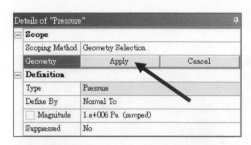

9. 點選 Static Structural 下的 Solution。

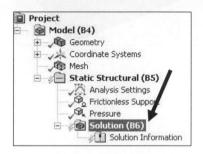

選擇所需結果，點選 Deformation 下的 Total 及 Strain 下的 Equivalent 和 Stress 下的 Equivalent。

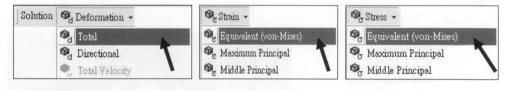

三、進行分析

點選工具列上的 Solve，進行分析。

四、結果

1. 在 Solution 下點選 Total Deformation。

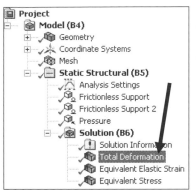 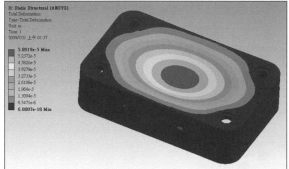

點選 Figure 產生報告所需圖片。

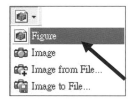

2. 在 Solution 下點選 Equivalent Elastic Strain。

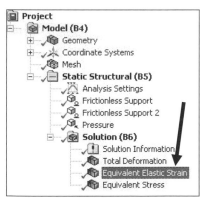 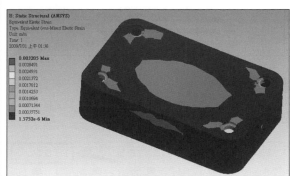

點選 Figure 產生報告所需圖片。

3. 在 Solution 下點選 Equivalent Stress。

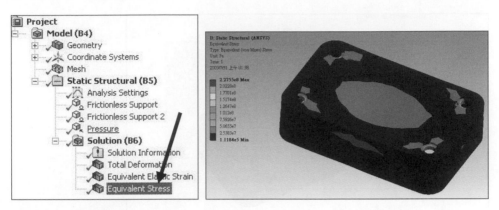

點選 Figure 產生報告所需圖片。

五、產生報告

點選工作區的 Report Preview 建立報告。

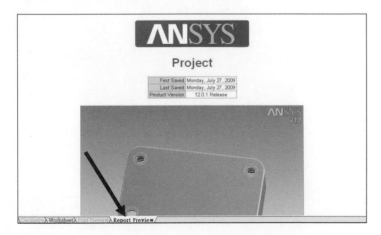

報告內容:

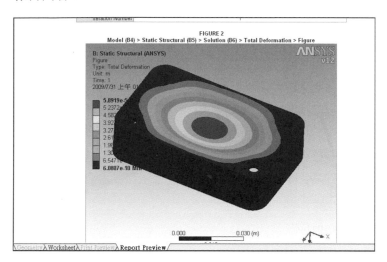

範例 2 網格設定

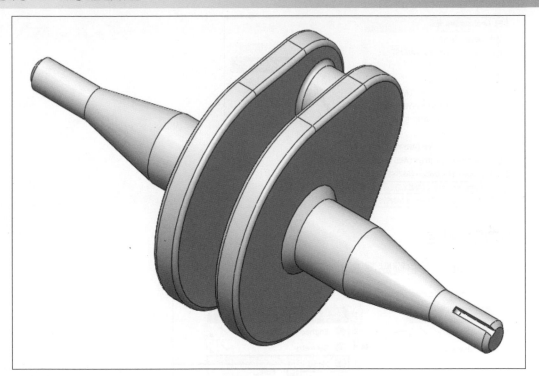

一、系統環境設定

1. 將 SolidWorks 圖檔\Crankshaft.SLDPRT 載入至 SolidWorks。

2. 進入 ANSYS Workbench。

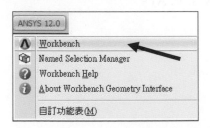

3. 將 [Static Structural (ANSYS)] 拉至 Geometry。

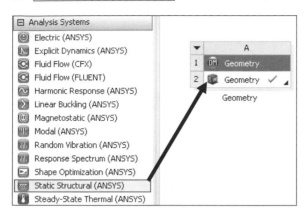

二、進階網格設定

1. 對 Model 按下右鍵點選 Edit 進入工作平面。

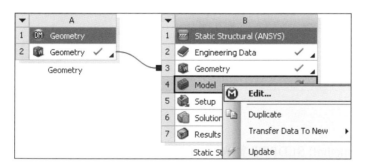

2. 點選 Unit 下拉式功能表,選擇 Metric(m, kg, N, s, V, A)。

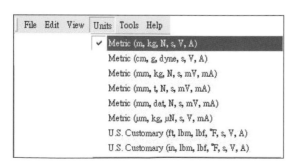

3. 對 Mesh 按下右鍵，選擇 Generate Mesh。

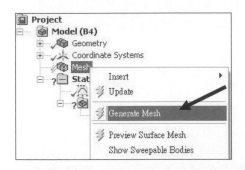

4. 檢查網格品質：藉由控制網格的方式來重建部分區塊之網格，以加強網格品質。

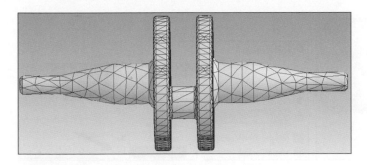

5. 控制網格(方法一)：Sizing

   選擇欲選取之部位後按下下拉式功能表上的 Mesh Control，選擇 Sizing。

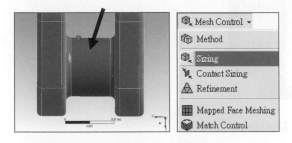

   Element Size 輸入 1.e-003(m)。

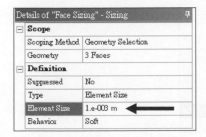

點選下拉式功能表上的 Mesh 選擇 Generate Mesh，即完成部分網格重建之工作。

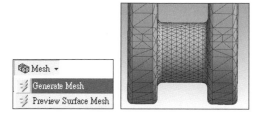

6. 控制網格(方法二)：Refinement
   選擇欲選取之部位後按下下拉式功能表上的 Mesh Control，選擇 Refinement，
   Refinement 輸入 1。

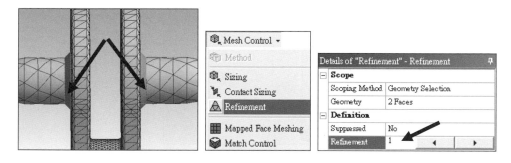

點選下拉式功能表上的 Mesh 選擇 Generate Mesh，即完成部分網格重建之工作。

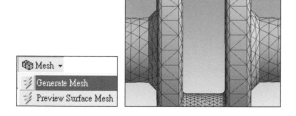

7. 控制網格(方法三)：Mapped Face Meshing
   選擇欲選取之部位後按下下拉式功能表上的 Mesh Control，選擇 Mapped Face
   Meshing。

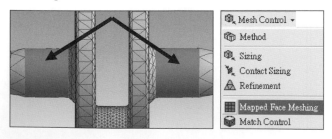

點選下拉式功能表上的 Mesh 選擇 Generate Mesh，即完成部分網格重建之工作。

範例 3 組件靜力分析

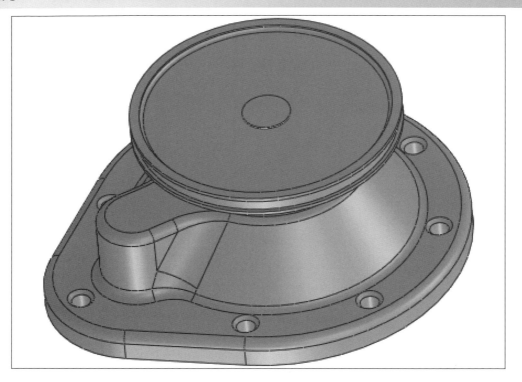

一、系統環境設定

1. 將 SolidWorks 圖檔\Pump_assy3\Pump_assy3.SLDASM 載入 SolidWorks。

2. 進入 ANSYS Workbench。

3. 將 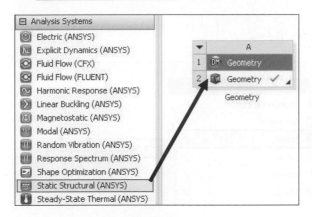 Static Structural (ANSYS) 拉至 Geometry。

4. 在 Engineering Date 右鍵點選 Edit。

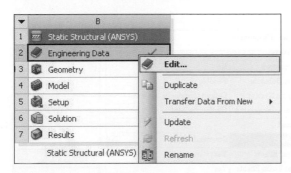

選擇 General Materials，將 Polyethylene 加入。

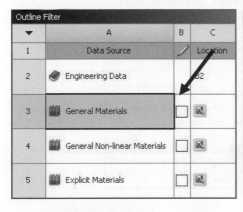

5. 點選 ← Return to Project，回到專案。

二、制定條件

1. 在 Model 右鍵點選 Edit 進入工作平台。

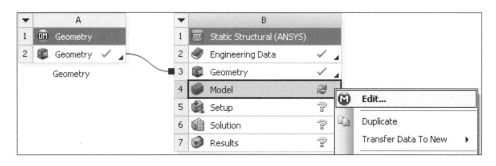

2. 選擇 Geometry 下的(1-1)組件，將材料設定成 Polyethylene。

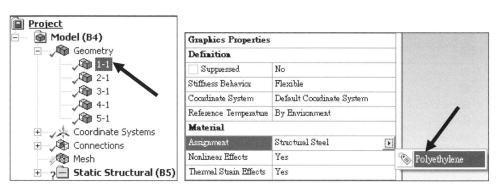

確認 Geometry 下的其餘零組件，為預設材料 Structural Steel。

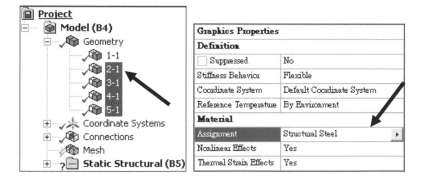

3.　選擇 Connections 下的 Contact Region、Contact Region 2、Contact Region 3、Contact Region 4，將 Type 下的 Bonded 改為 No Separation。

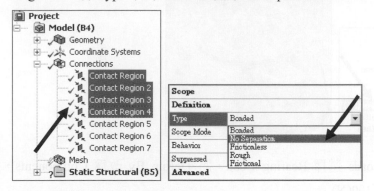

確認 Connections 下的 Contact Region 5、Contact Region 6、Contact Region 7 為 Bonded。

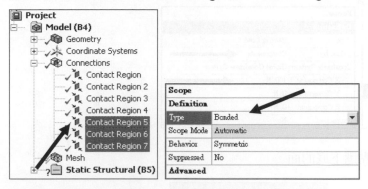

4.　點選 Mesh 右鍵點選 Generate Mesh。

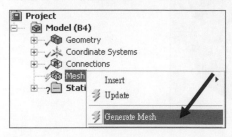

5.　點選 Analysis Settings，將 Weak Springs 改為 off。

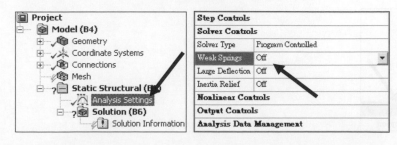

6. 按下 Static Structural，點選如圖所示之面。

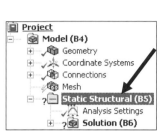 

點選工具列中的 Loads 選擇 Bearing Load，將 Define By 改為 Components，將 X Component 設定為 100(N)。

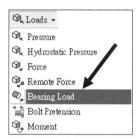 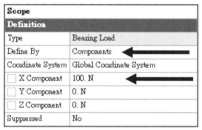

7. 在 Static Structural 點選下底的面。

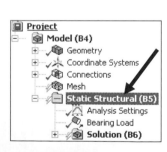 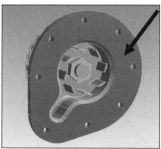

點選工具列中的 Supports 選擇 Frictionless Support。

8. 在 Static Structural 連續點選八個孔洞上方的面。

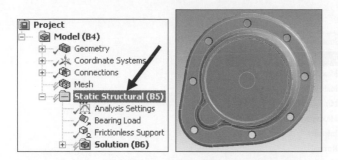

點選工具列中的 Supports 選擇 Frictionless Support。

9. 在 Solution 點選工具列中的 Deformation 選擇 Total。

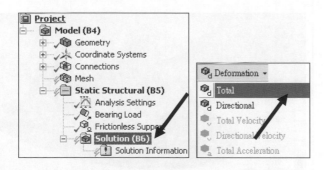

再點選工具列中的 Strain 下選擇 Equivalent(von-Mises)及 Stress 下選擇 Equivalent(von-Mises)。

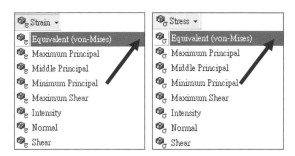

三、進行分析

點選工具列上的 Solve，進行分析。

四、結果

1. 在 Solution 下點選 Total Deformation。

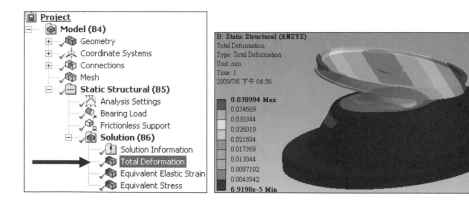

2. 在 Solution 下點選 Equivalent Stress。

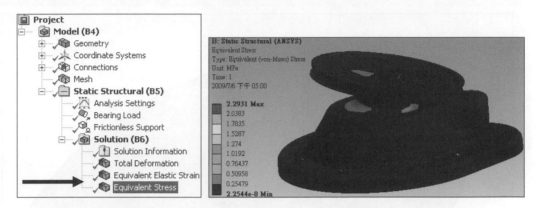

3. 在 Solution 下點選 Equivalent Elastic Strain。

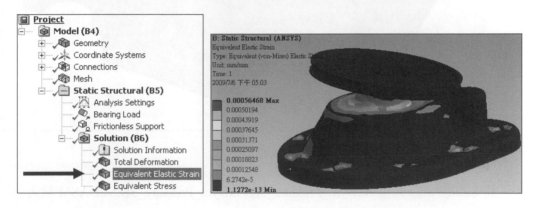

範例 4 軸對稱件之靜力分析

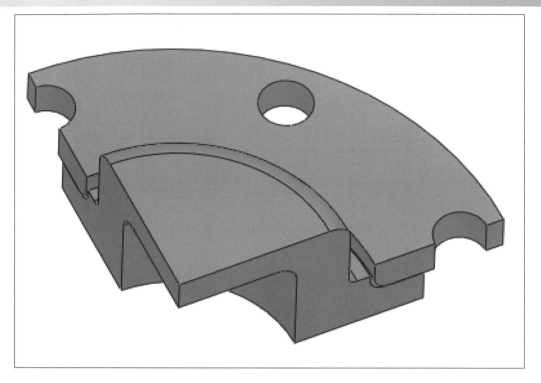

一、系統環境設定

1. 將 SolidWorks 圖檔\Axisym_Pressure_3D\Axisym_Pressure_3D.SLDASM 載入 SolidWorks。

2. 進入 ANSYS Workbench。

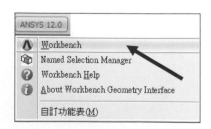

3. 將 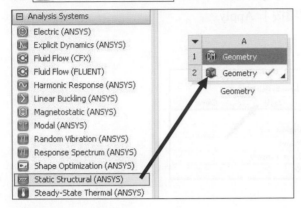 拉至 Geometry。

二、制定條件

1. 在 Model 右鍵點選 Edit 進入工作平面。

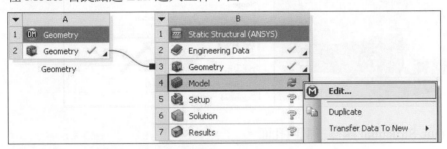

2. 點選 Unit 下拉式功能表，選擇 Metric(mm, kg, N, s, mV, mA)。

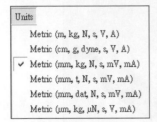

3. 按下 Static Structural，點選如圖所示之面。

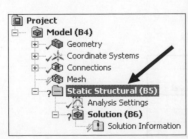

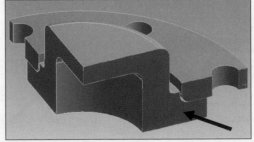

點選工具列中的 Supports 選擇 Displacement，在 Define By 選擇 Normal To，並設定位移為 0，最後在 Geometry 選項按下 Apply。

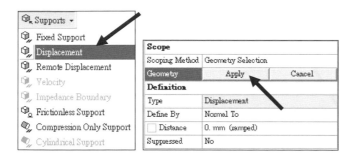

點選另一邊三個面。

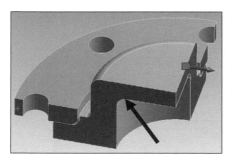
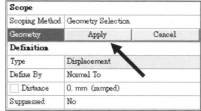

4.　按下 Static Structural 選擇三個內孔面。

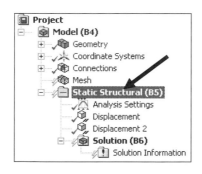
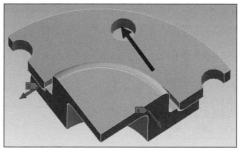

點選工具列中的 Supports 選擇 Fixed Support，在 Geometry 選項按下 Apply。

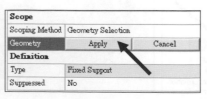

5. 按下 Static Structural 選擇底下的面。

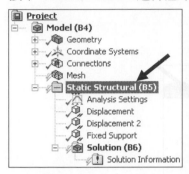 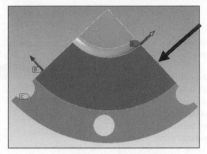

點選工具列中的 Supports 選擇 Compression Only Support。在 Geometry 選項按下 Apply。

 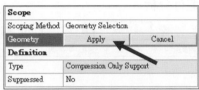

6. 按下 Static Structural 選擇三個面。

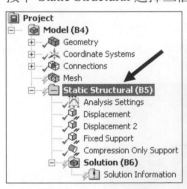 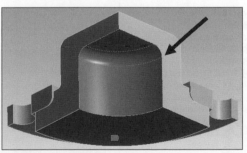

點選工具列中的 Loads 選擇 Pressure。在 Magnitude 設定壓力為 0.1(MPa)，最後在 Geometry 選項按下 Apply。

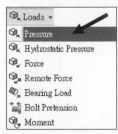

7. 按下 Solution 選擇 Stress 下拉式功能表下的 Equivalent(von-Mises)。

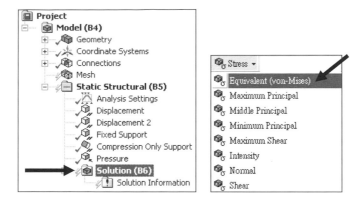

三、進行分析

點選工具列上的 Solve，進行分析。

四、結果

在 Solution 下點選 Equivalent Stress。

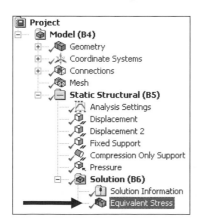
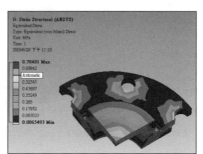

五、更換網格大小重新計算

1. 選擇 Mesh 下的 Insert > Sizing。

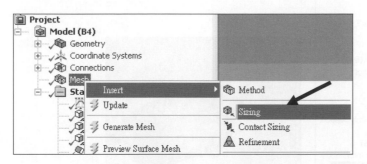

使用工具列中的的 Body，選擇 1、2 零件。

將 Element Size 設定為 1(mm)，在 Geometry 選項按下 Apply。

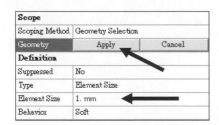

2. 點選工具列上的 Solve，再次進行分析。

3. 在 Solution 下點選 Equivalent Stress。

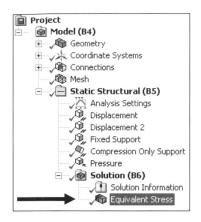

範例 5　零件自然振動分析

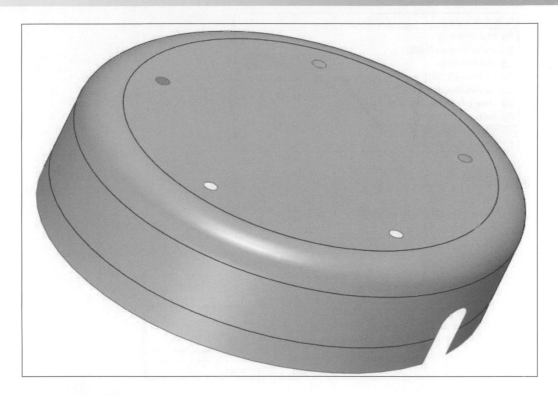

一、系統環境設定

1. 將 SolidWorks 圖檔\Motor_cover_5.SLDPRT 載入至 SolidWorks。

2. 進入 ANSYS Workbench。

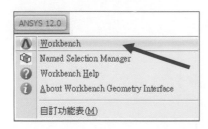

3. 將 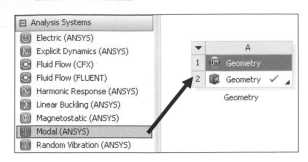 拉至 Geometry。

二、制定條件

1. 在 Model 右鍵點選 Edit 進入工作平面。

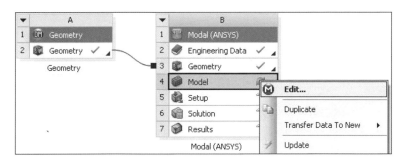

2. 點選 Unit 下拉式功能表,選擇(in, lbm, lbf, °F, s, V, A)。

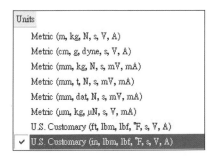

3. 點選 Geometry 下的 Motor_cover_5@曲面-輸入 1。

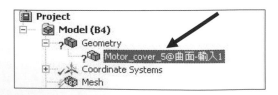

在功能表 Thickness 輸入 0.05 (in)。

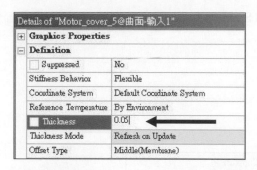

4. 點選 Modal。

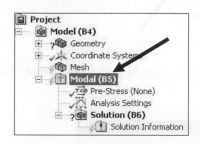

5. 設定點選範圍為面 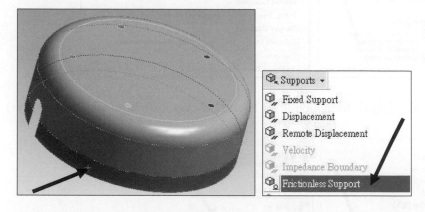，點選面(如左下圖所示)。

點選 Supports 下拉式功能表下的 Frictionless Support (如右上圖所示)。

6. 設定點選範圍為線 ，點選線(如左下圖所示)。

點選 Supports 下拉式功能表下的 Fixed Support。

7. 點選 Modal 下的 Analysis Settings，點選 Max Modes to Find 設定為 6，將 Output Controls 下的 Calculate Stress 選項變更為 Yes。

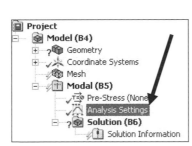

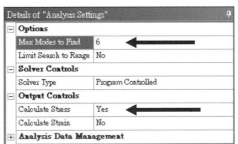

8. 點選 Solution，點選 Deformation 下的 Total 及 Stress 下的 Equivalent(von-Mises)。

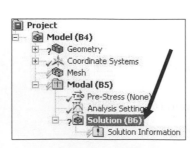

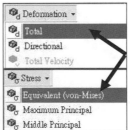

9. 點選 Solution 下的 Total Deformation，將 Mode 設定為 6。

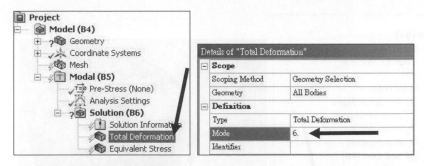

10. 點選 Solution 下的 Equivalent Stress，將 Mode 設定為 6。

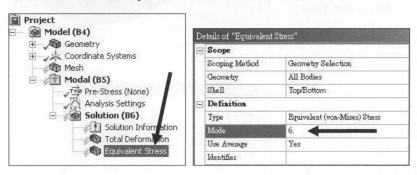

三、進行分析

點選工具列上的 Solve，進行分析。

四、結果

1. 點選 Solution 下的 Total Deformation。

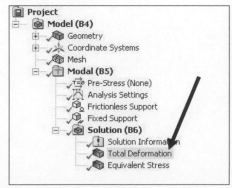
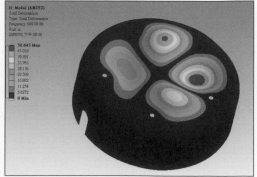

2. 點選 Solution 下的 Equivalent Stress。

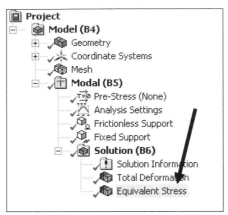 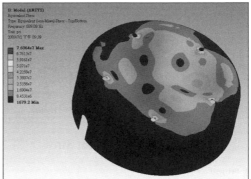

3. 點選 Solution 下的 Solution Information。

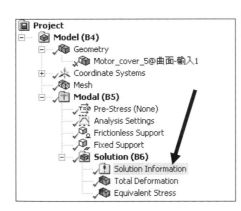 

範例 6　預應力自然振動分析

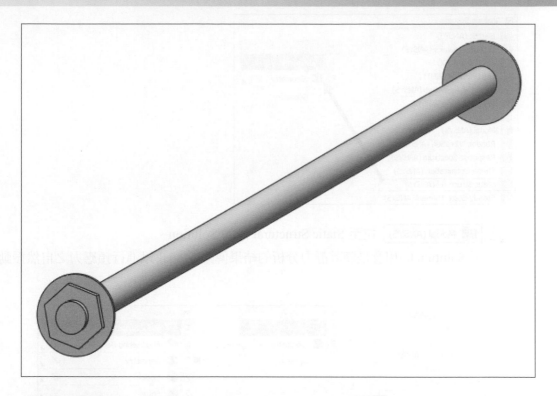

一、系統環境設定

1.　將 SolidWorks 圖檔\tension_link.SLDASM 載入至 SolidWorks。

2.　進入 ANSYS Workbench。

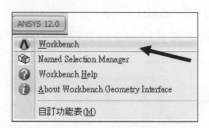

3. 將  拉至 Geometry。

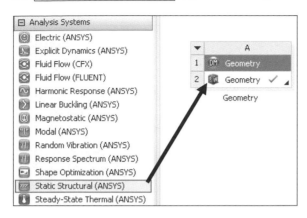

4. 點選 Modal(ANSYS) 拉至 Static Structural 內的 Solution。

(拖移至 Solution 的用意是將其靜力分析的結果傳至 Modal 以進行預應力之自然振動
分析)

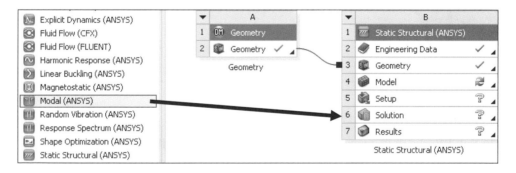

5. 在點選 Modal(ANSYS) 拉至 Static Structural 內的 Model。

(而拖移至 Model 的用意是只將其模型定義之結果傳至 Modal 以進行自然振動分析)

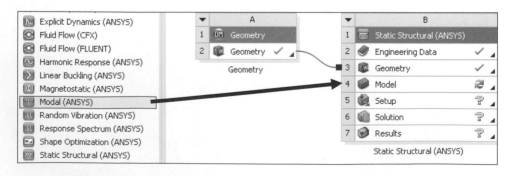

二、制定條件

1. 對 Static Structural 內的 Model 按下右鍵，點選 Edit 進入工作平面。

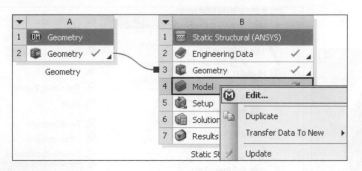

2. 點選 Unit 下拉式功能表，選擇 Metric(mm , kg , N , s , mV , mA)。

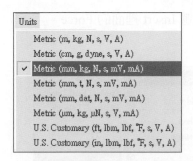

3. 點選螺栓其中一端之墊片底面，對 Static Structural 按下右鍵，點選 Insert 裡面的 Fixed Support。

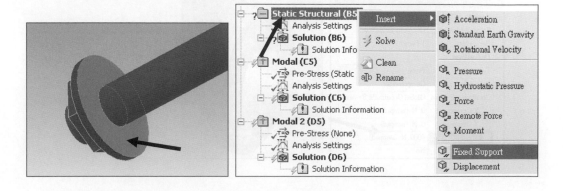

4. 旋轉至螺栓的另一端，點選墊片的邊緣，對 Static Structural 按下右鍵，點選 Insert 裡面的 Frictionless Support。

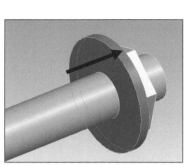
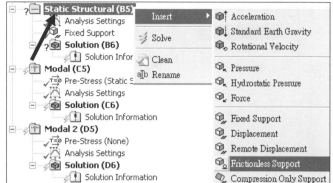

5. 點選墊片的底面，對 Static Structural 按下右鍵，選 Insert 裡面的 Force。

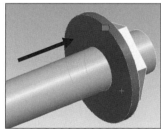
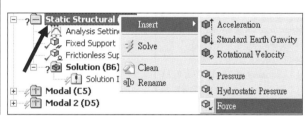

Define By 選擇 Components，將 Z Component 設為 4000(N)(注意方向性)。

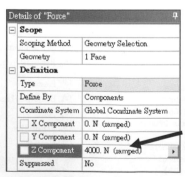

6. 點選 Static Structural 下的 Solution。

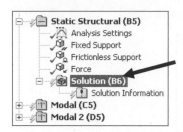

點選 Deformation 下的 Total 以及 Stress 下的 Equivalent (von-Mises)。

7. 點選 Modal 下的 Analysis Settings，將 Max Modes to Find 設為 6 (找出 6 個模態)，並將 Calculate Stress 設為 Yes (設定其模態要計算應力)。

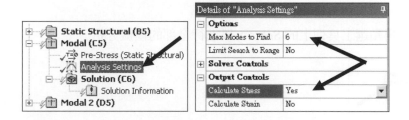

點選 Modal 下的 Solution。

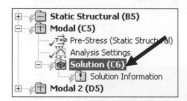

點選 Deformation 下的 Total，將 Max Modes to Find 設為 6 (觀看第 6 個模態)。

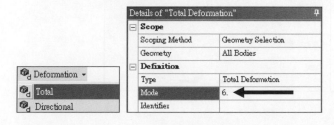

點選 Stress 下的 Equivalent(von-Mises)，將 Max Modes to Find 設爲 6 (觀看第 6 個模態)。

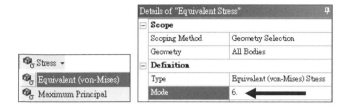

8. 點選 Modal 2 下的 Analysis Settings，其餘步驟均與步驟 7 相同。

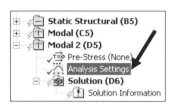

三、分析與結果

1. 先點選 Model 後再點選工具列上的 Solve，以進行全部的模擬分析。

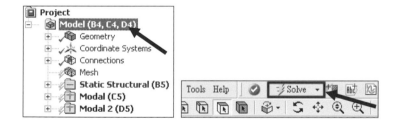

2. 觀看模擬分析後之結果。

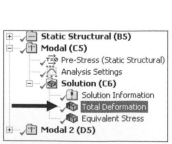

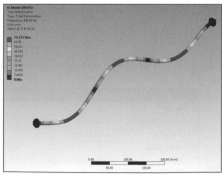

範例 7 零件穩態熱傳導分析

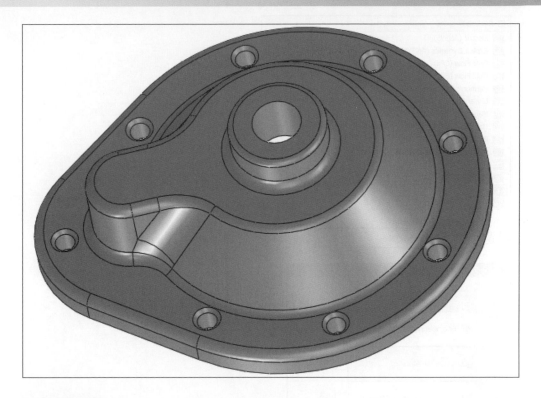

一、系統環境設定

1. 將 SolidWorks 圖檔\Pump_housing.SLDPRT 載入 SolidWorks。

2. 進入 ANSYS Workbench。

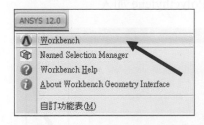

3. 將 Steady-State Thermal (ANSYS) 拉至 Geometry。

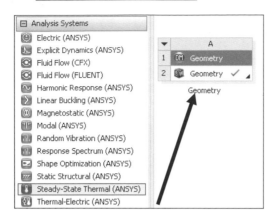

4. 點選 Engineering Data ✓ 進入材料資料庫，選擇 General Materials。

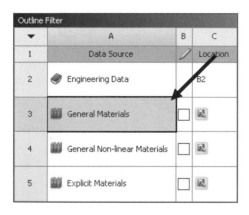

選擇 General Materials，將 Aluminum Alloy 與 Polyethylene 加入。

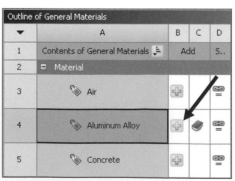

5. 點選 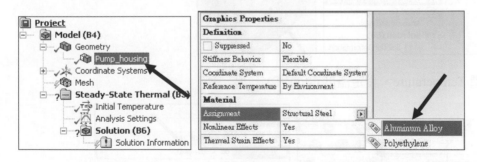 Return to Project ，回到專案。

二、制定條件

1. 在 Model 右鍵點選 Edit 進入工作平台。

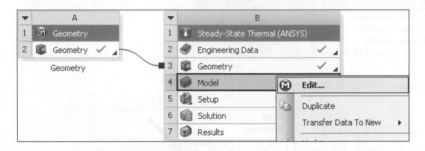

2. 點選 Unit 下拉式功能表，選擇 Celsius(For Metric Systems)。

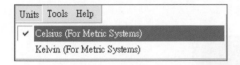

3. 選擇 Geometry 下的 Pump_housing，將材料設定成 Aluminum Alloy。

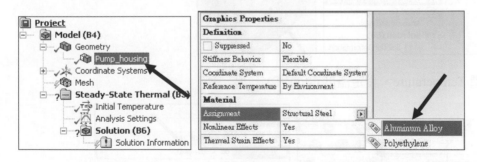

4. 點選 Mesh 利用拉桿將 Relevance 設定為 100。

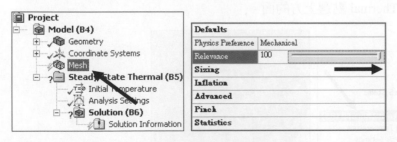

5.　在 Steady-State Thermal 點選內部的面。

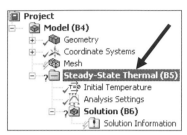 

點選 Temperature，設定溫度為 90(℃)。

 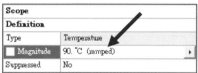

6.　在 Steady-State Thermal 點選下底的面。

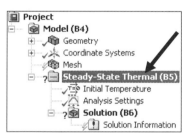 

點選 Temperature，設定溫度為 60(℃)。

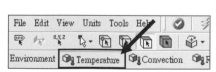 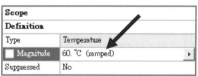

7.　在 Steady-State Thermal 點選上方的面。

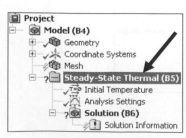 

點選 Convection。

在 Film Coefficient 選擇 Import。

點選靜止空氣(Stagnant Air - Horizontal Cyl)如左下圖所示。

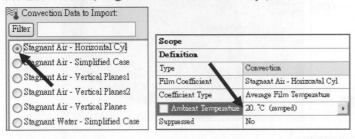

將 Ambient Temperature 設定為 20(℃)如右上圖所示。

8. 在 Solution 點選 Thermal 下的 Temperature，確認 Geometry 為 All Bodies。

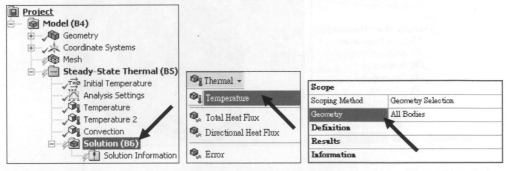

9. 在 Solution 點選上方的面，然後點選 Thermal 下的 Temperature。

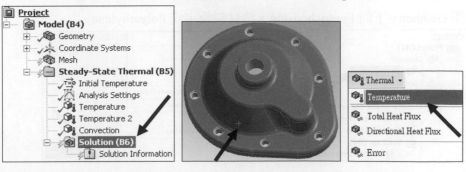

三、進行分析

點選工具列上的 Solve，進行分析。

四、結果

1. 在 Solution 下點選 Temperature。

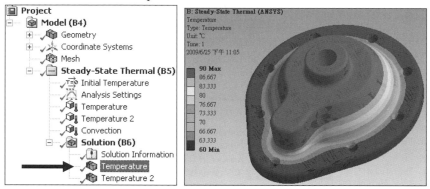

2. 在 Solution 下點選 Temperature2。

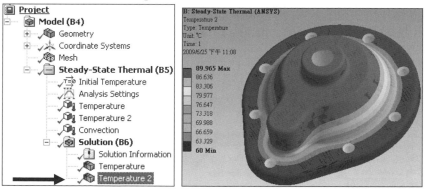

五、更換材料計算

1. 選擇 Geometry 下的 Pump_housing，將材料設定成 Polyethylene。

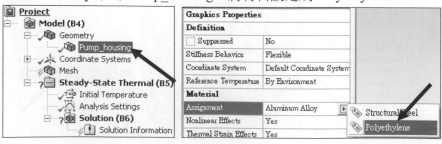

2.　點選工具列上的 Solve，再次進行分析。

3.　在 Solution 下點選 Temperature。

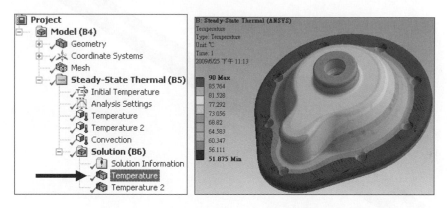

4.　在 Solution 下點選 Temperature2。

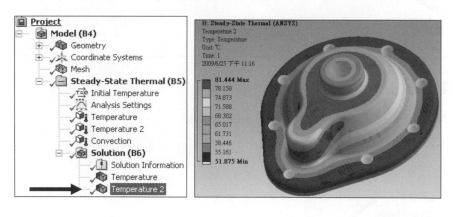

範例 8 零件挫曲分析

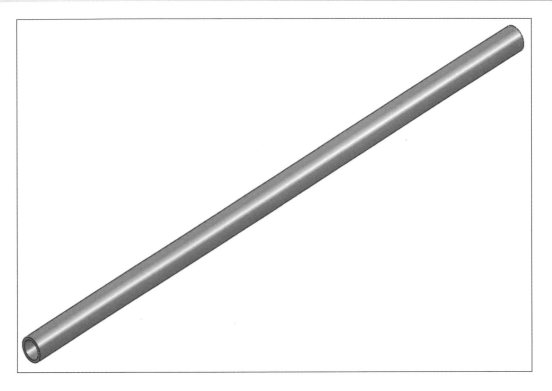

一、系統環境設定

1. 將 SolidWorks 圖檔\Pipe.SLDPRT 載入 Solid Works。

2. 進入 ANSYS Workbench。

3. 將 Static Structural (ANSYS) 拉至 Geometry。

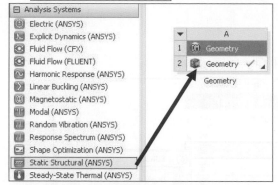

再將 Linear Buckling (ANSYS) 拉至 Static Structural 下的 Solution。

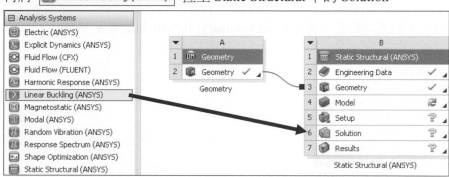

4. 點選 Engineering Data 選擇 Engineering Data 下的 Structural Steel，將 Young's Modulus 設定為 3.0008E+07(psi)，確認 Poisson's Ratio 為 0.3。

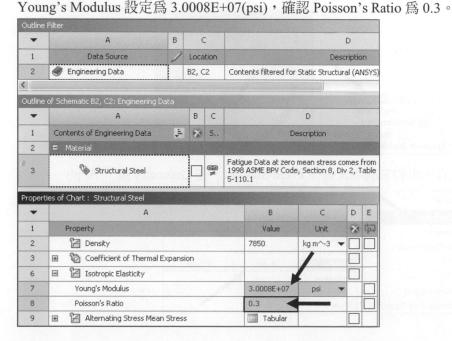

5. 點選 ◄ Return to Project ，回到專案。

二、制定條件

1. 在 Model 右鍵點選 Edit 進入工作平面。

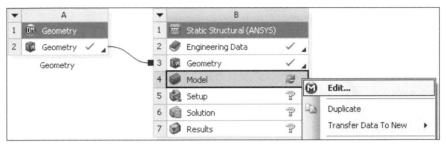

2. 點選 Unit 下拉式功能表，選擇 U.S.Customary(ft, lbm, lbf, °F, s, V, A)。

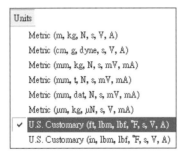

3. 按下 Static Structural，點選面。

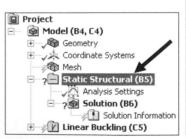

點選工具列中的 Supports 選擇 Fixed Support，在 Geometry 按下 Apply。

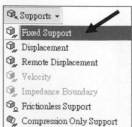
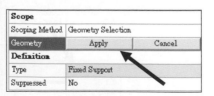

4.　按下 Static Structural 點選另一面。

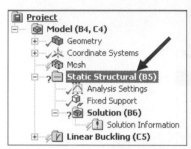 

點選工具列中的 Loads 選擇 Force。在 Define By 設定為 Components，在 Z Component 設為 1(lbf)。最後在 Geometry 選項按下 Apply。

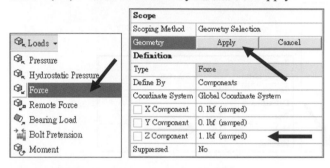

5.　按下 Solution 選擇 Stress 下拉式功能表下的 Equivalent(von-Mises)。選擇 Deformation 下拉式功能表下的 Total。

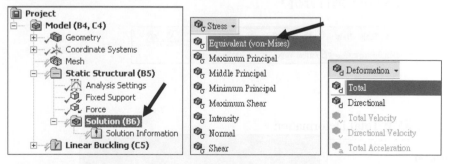

6.　按下 Analysis Settings，設定 Max Modes to Find 為數目 1。

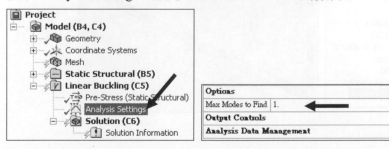

7. 選 Solution，Deformation 下拉式功能表下的 Total。

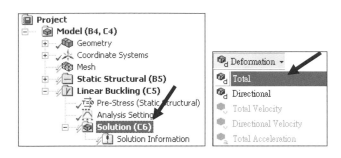

8. 選擇 Total Deformation，設定 Mode 為 1。

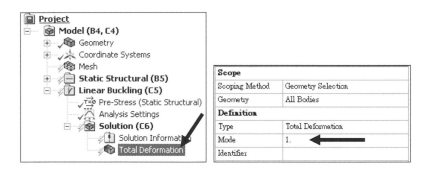

三、進行分析

點選工具列上的 Solve，進行分析。

四、結果

在 Solution 下點選 Total Deformation。

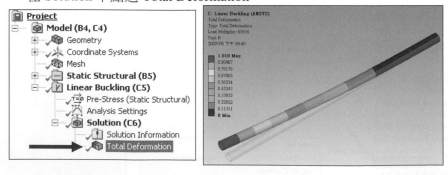

範例 9　**進階後處理**

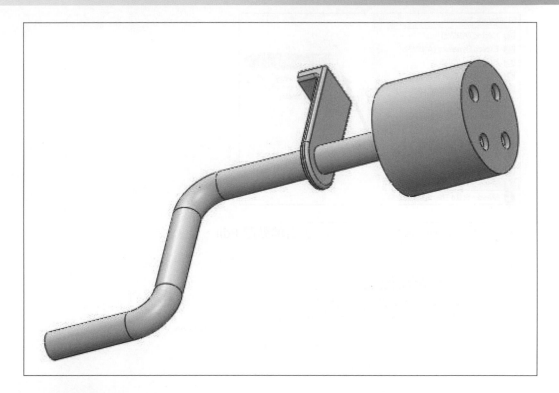

一、系統環境設定

1.　將 SolidWorks 圖檔\Pressure_System\Pressure_System.SLDASM 載入至 SolidWorks。

2.　進入 ANSYS Workbench。

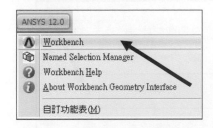

3. 將  拉至 Geometry。

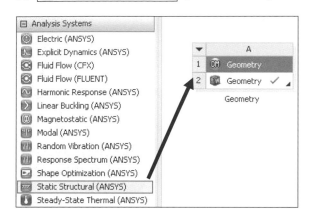

4. 在 ┃2 🗔 Engineering Data ✓┃ 右鍵點選 Edit。

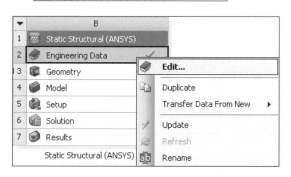

選擇 General Materials 中的 Polyethylene 點選 🖽 加入。

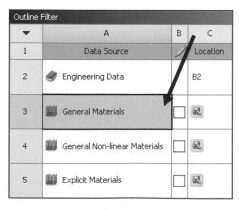
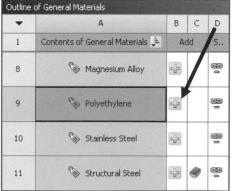

5. 點選 Save 儲存專案。

6. 點選 🔙 Return to Project，回到專案。

二、制定條件

1. 在 Model 右鍵點選 Edit 進入工作平面。

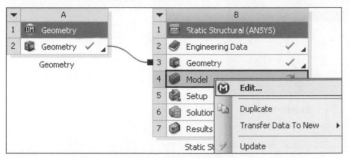

2. 點選 Unit 下拉式功能表，選擇 Metric(mm, kg, N, s, mV, A)。

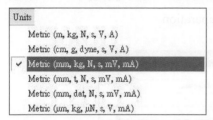

3. 點選 Geometry 下的 Solid2-1，將 Material 下的 Assignment 設定為 Polyethylene。

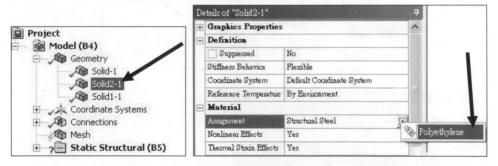

4. 點選 Connections 下的 Contact Region，將 Contact Bodies 設定為 Solid2-1 及 Target Bodies 設定為 Solid-1，將 Type 設定為 Bonded。

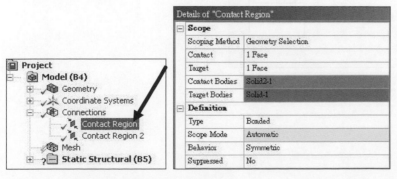

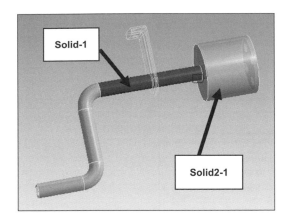

5. 點選 Connections 下的 Contact Region2，將 Contact Bodies 設定爲 Solid1-1 及 Target Bodies 設定爲 Solid-1，將 Type 設定爲 No Separation。

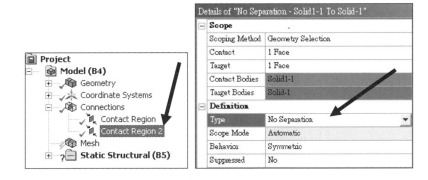

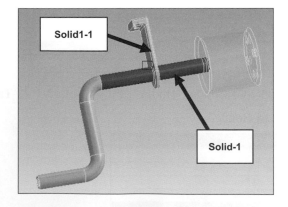

6. 點選 Static Structural，點選面。

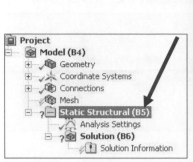 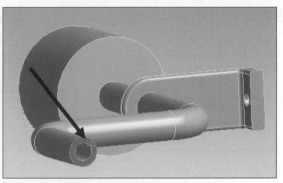

點選 Supports 下拉式功能表下的 Fixed Support 並且在 Geometry 按下 Apply。

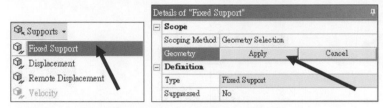

7. 點選面，點選 Supports 下拉式功能表下的 Cylindrical Support 並且在 Geometry 按下 Apply。

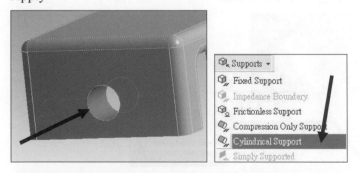

8. 點選面，點選 Supports 下拉式功能表下的 Frictionless Support 並且在 Geometry 按下 Apply。

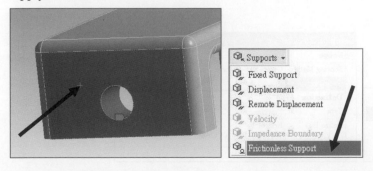

9. 建立剖切面

點選工具列上的 New section Plane，將元件調整至適當角度，將元件剖切一半。

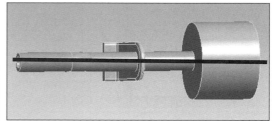

可以藉由控制拉桿來控制剖切面位置。

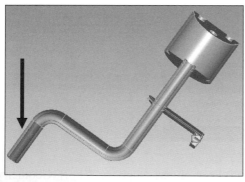

10. 點選剖切面內的管面，點選 Extend to Limits。

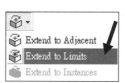

11. 點選 Loads 下拉式功能表下的 Pressure，在 Magnitude 輸入 1(MPa)並且在 Geometry 按下 Apply。

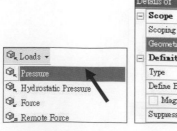

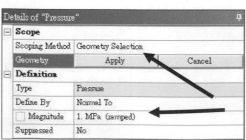

12. 點選元件 Solid2-1 剖切內的三個面，點選 Loads 下拉式功能表下的 Pressure。

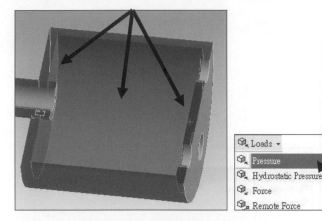

在 Magnitude 輸入 0.2(MPa)並且在 Geometry 按下 Apply。

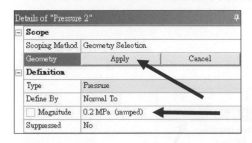

13. 將剖切面取消。

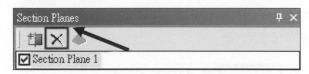

14. 設定整體結果：點選 Static Structural 下的 Solution，點選 Deformation 下拉式功能表下的 Total 及 Stress 下拉式功能表下的 Equivalent(von-Mises)。

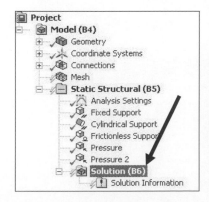

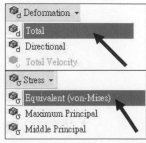

15. 設定部分元件結果：點選 Solid2-1 整體，點選 Stress 下拉式功能表下的 Equivalent(von-Mises)。

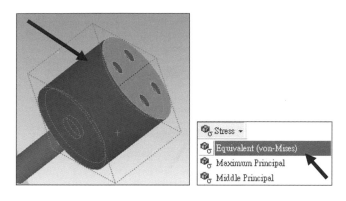

點選 Solid-1 整體，點選 Stress 下拉式功能表下的 Equivalent(von-Mises)。

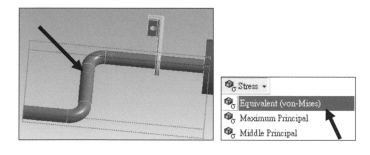

三、進行分析

點選工具列上的 Solve，進行分析。

四、結果

1.　點選 Solution 下的 Total Deformation。

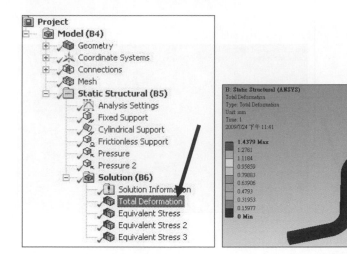

2.　點選 Solution 下的 Equivalent Stress。

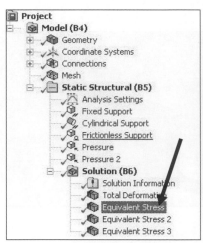
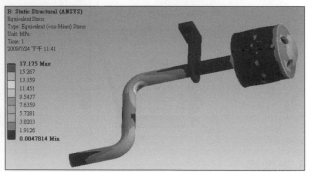

3. 點選 Solution 下的 Equivalent Stress2。

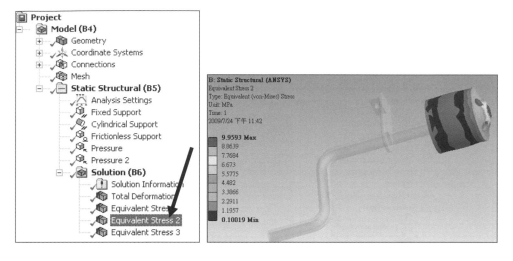

4. 點選 Solution 下的 Equivalent Stress3。

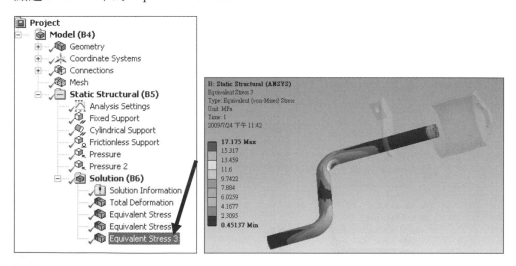

五、後處裡

1. 觀察元件內部應力:點選工具列上的 New Section Plane,將元件調整至適當角度,將元件剖切一半。

可以藉由控制拉桿來控制剖切面位置，將剖切面取消。

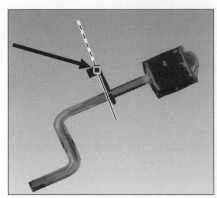

2.　點選 IsoSurfaces(以 Equivalent Stress 為例)。

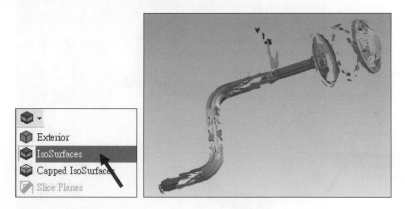

3.　點選 Capped Isosurface。

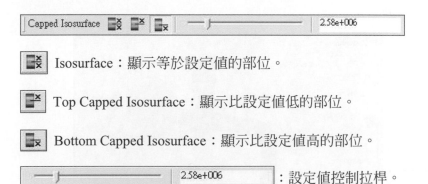

Isosurface：顯示等於設定值的部位。

Top Capped Isosurface：顯示比設定值低的部位。

Bottom Capped Isosurface：顯示比設定值高的部位。

2.58e+006　：設定值控制拉桿。

以 　Top Capped Isosurface 為例：

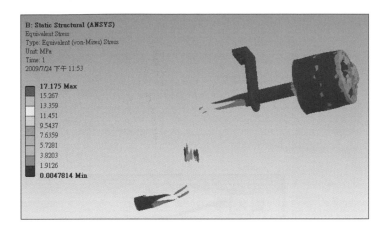

4. 點選 Smooth Contours。

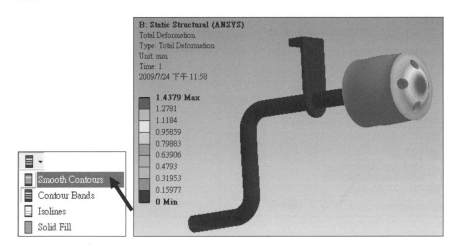

5. 點選 Contour Bands。

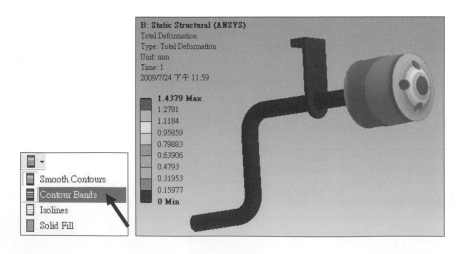

6. 點選 Isolines。

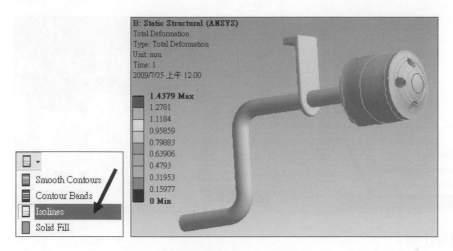

7. 點選 Show Undeformed WireFrame。

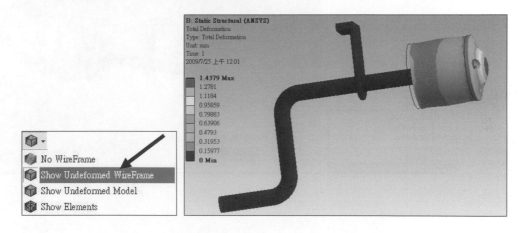

8. 點選 Show Undeformed Model。

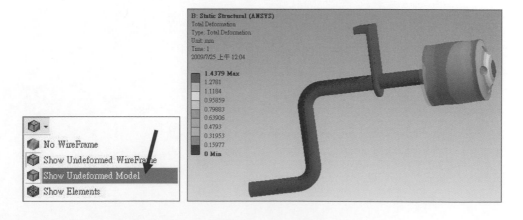

9. 點選 Show Elements。

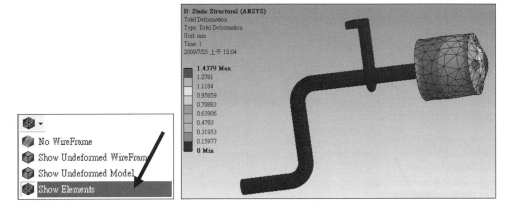

10. 調整變形比例。

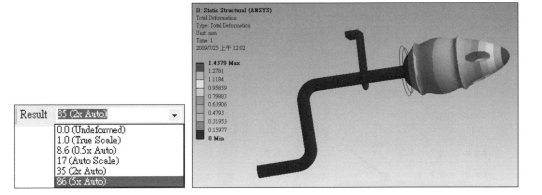

11. 向量圖：首先點選 Solution 下的 Total Deformation，接下來點選  開啟向量工具列。

 Proportional Vector：向量長度與數值成比例。

 Uniform Vector：向量長度固定。

 Element Aligned：對齊元素。

 Grid Aligned：對齊網格。

 向量箭頭疏密控制拉桿。

 向量箭頭形式。

以  Uniform Vector 為例。

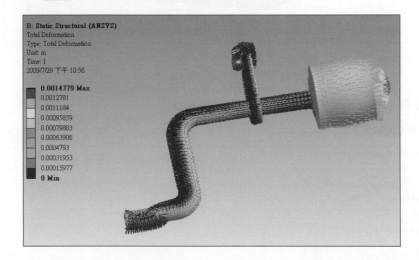

範例 10 參數分析

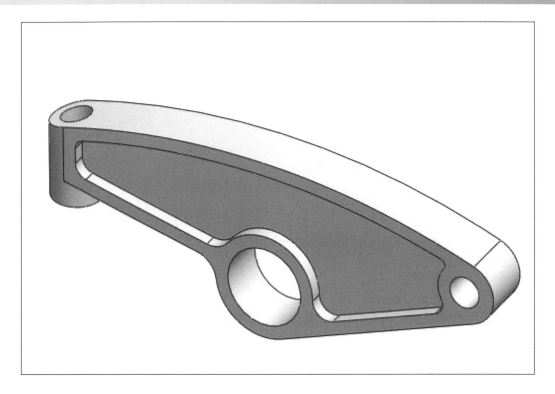

一、系統環境設定

1. 將 SolidWorks 圖檔\Lever.SLDPRT 載入至 SolidWorks。

2. 進入 ANSYS Workbench。

3. 將 | Static Structural (ANSYS) | 拉至 Geometry。

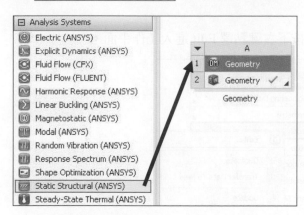

4. 對著 Static Structural 裡的 | 2 Engineering Data ✓ | 點選開啟，並點選 Engineering Data 裡的 Structural Steel 將其材料之 Density 和 Young's Modulus 勾選作為後續之參數變動之用。

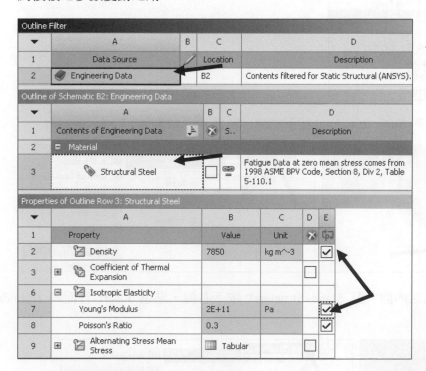

5. 點選 | ← Return to Project |，返回至專案。

二、制定條件

1. 對 Static Structural 內的 Model 按下右鍵點選 Edit 進入工作平面。

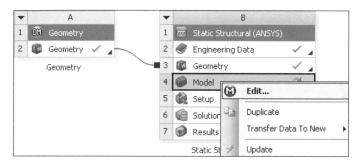

2. 點選 Unit 下拉式功能表，選擇 Metric(mm , kg , N , s , mV , mA)。

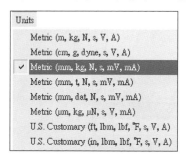

3. 點選底面，對 Static Structural 按下右鍵，點選 Insert 裡面的 Fixed Support。

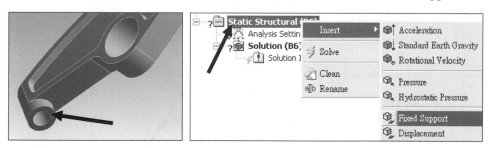

4. 點選圓柱孔之內圓，對 Static Structural 按下右鍵，點選 Insert 裡面的 Cylindrical Support。

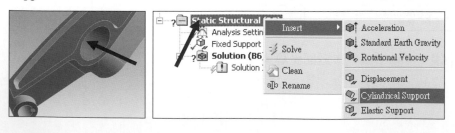

Tangential 設為 Free。

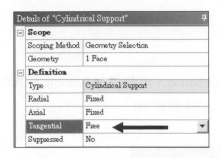

5. 點選最外邊之軸承內孔壁，對 Static Structural 按下右鍵，點選 Insert 裡面的 Bearing Load。

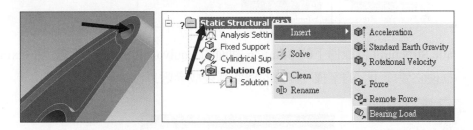

將 Define By 設為 Components，及 Y Component 設為 5000(N)(注意方向)，最後再點選 Y Component 左邊的框使它變成 P 的字樣 (其目的為使其變成參數以供後續變動參數值時使用)。

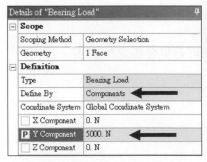

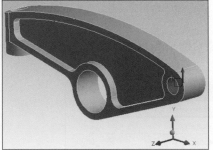

6. 點選 Static Structural 下的 Solution。

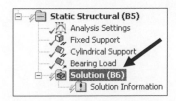

點選 Deformation 下的 Total 以及 Stress 下的 Equivalent (von-Mises)。

點選 Static Structural 下 Solution 內 Total Deformation，再點選 Maximum 左邊的框使它變成 $\boxed{P}$ 的字樣 (其目的為使其變成參數以供後續使用)。

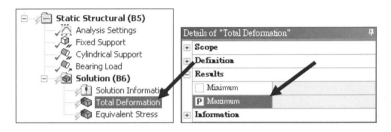

點選 Static Structural 目錄樹下的 Solution 裡面的 Equivalent Stress，再點選 Maximum 左邊的框使它變成 $\boxed{P}$ 的字樣 (其目的為使其變成參數以供後續使用)。

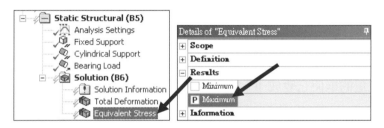

三、分析與結果

1. 再回到專案視窗，對著 Parameters 點選兩下即可看見參數之配置表。

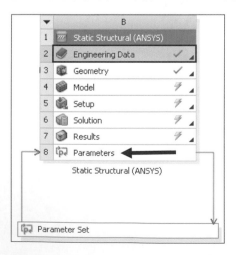

2. 配置表型式如下圖所示，如欲增加更多的參數只需要在空白處輸入數值即可(也可以用複製貼上的方式來完成輸入)。

Table of Design Points							
▼	A	B	C	D	E	F	G
1	Name ▼	P1 - Density ▼	P3 - Poisson's Ratio ▼	P4 - Young's Modulus ▼	P5 - Bearing Load Y Component ▼	P6 - Total Deformation Maximum ▼	P7 - Equivalent Stress Maximum ▼
2		kg m^-3 ▼		Pa ▼	N ▼	mm	MPa
3	Current	7850	0.3	2E+11	5000	⚡ 0	⚡ 0
*							

輸入完成後即可按下上方之 Update All Design Points 開始進行求解。

Refresh Project	⚡ Update Project	📥 Import...		Update All Design Points	⬅ Return to Project

Table of Design Points							
▼	A	B	C	D	E	F	G
1	Name ▼	P1 - Density ▼	P3 - Poisson's Ratio ▼	P4 - Young's Modulus ▼	P5 - Bearing Load Y Component ▼	P6 - Total Deformation Maximum ▼	P7 - Equivalent Stress Maximum ▼
2		kg m^-3 ▼		Pa ▼	N ▼	mm	MPa
3	Current	7850	0.3	2E+11	5000	⚡ 0	⚡ 0
4	DP 1	7850	0.3	2E+11	10000	⚡	⚡
5	DP 2	2770	0.3	7.1E+10	5000	⚡	⚡
6	DP 3	2770	0.3	7.1E+10	10000	⚡	⚡
*							

結果如下圖所示。

Table of Design Points							
▼	A	B	C	D	E	F	G
1	Name ▼	P1 - Density ▼	P3 - Poisson's Ratio ▼	P4 - Young's Modulus ▼	P5 - Bearing Load Y Component ▼	P6 - Total Deformation Maximum ▼	P7 - Equivalent Stress Maximum ▼
2		kg m^-3 ▼		Pa ▼	N ▼	mm	MPa
3	Current	7850	0.3	2E+11	5000	0.11496	196.67
4	DP 1	7850	0.3	2E+11	10000	0.22993	393.33
5	DP 2	2770	0.3	7.1E+10	5000	0.32384	196.67
6	DP 3	2770	0.3	7.1E+10	10000	0.64768	393.33
*							

第三章

ANSYS Workbench
原廠非線性範例

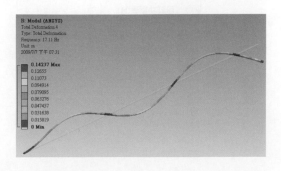

範例 1　彈簧大變形分析

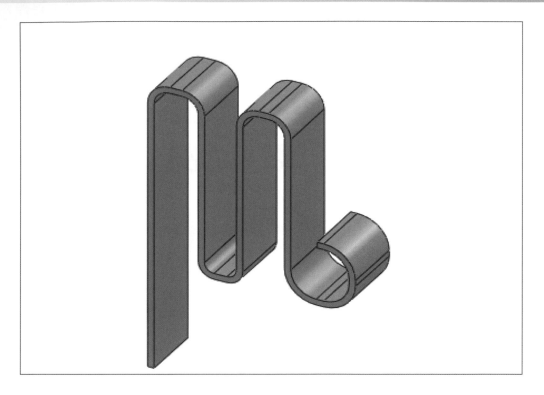

一、系統環境設定

1.　將 SolidWorks 圖檔\Spring_ws02A.SLDPRT 載入至 SolidWorks。

2.　進入 ANSYS Workbench。

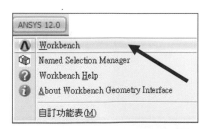

3. 將 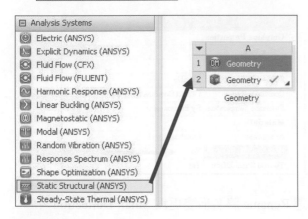 Static Structural (ANSYS) 拉至 Geometry。

二、制定條件

1. Small Deflection 分析

(1) 在 Model 右鍵點選 Edit 進入工作平面。

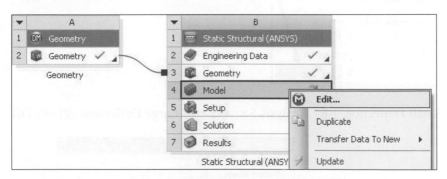

(2) 點選 Units 下拉式功能表下的 Metric(mm, kg, N, s, mV, mA)。

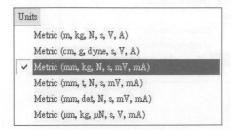

(3) 點選 Geometry 下的 Spring_ws02A，將 Nonlinear Effects 設定為 NO。

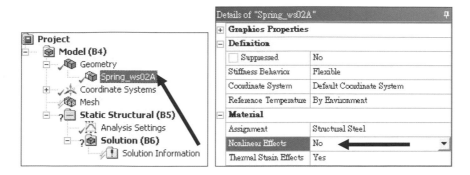

(4) 選取 Static Structural 右鍵點選 Rename 將名稱變更為 Small Deflection。

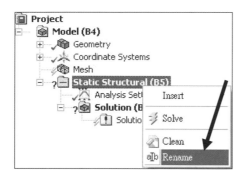

(5) 點選 Small Deflection 下的 Analysis Settings，將 Large Deflection 設定為 Off。

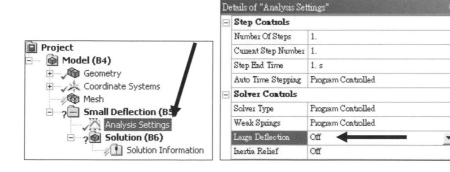

(6) 點選 Small Deflection，點選面。

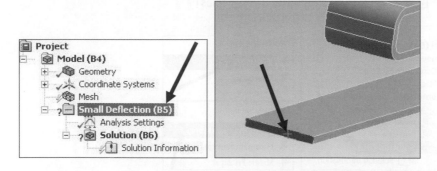

點選 Supports 下拉式功能表下的 Fixed Support，並且按下 Apply。

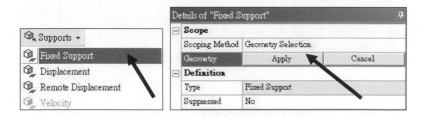

(7) 點選面，點選 Loads 下拉式功能表下的 Pressure。

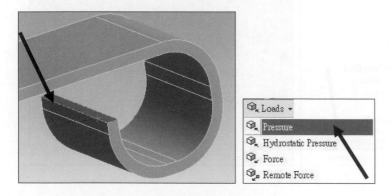

在 Magnitude 輸入 3(MPa)，並且按下 Apply。

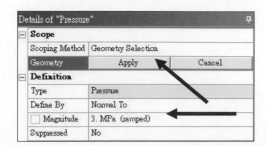

(8) 點選 Small Deflection 下的 Solution。點選 Deformation 下拉式功能表下的 Total 及 Stress 下拉式功能表下的 Equivalent(von-Mises)。

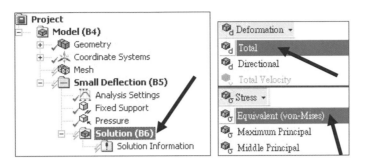

(9) 點選工具列上的 Solve，進行分析。

(10) 結果

點選 Small Deflection 下的 Total Deformation。

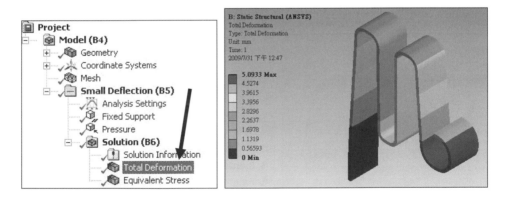

點選 Small Deflection 下的 Equivalent Stress。

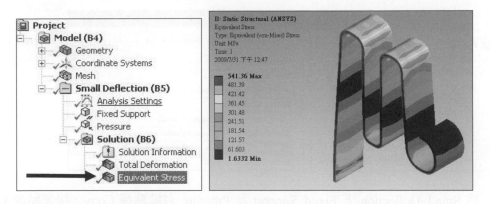

2.　Large Deflection 分析

(1)　回到專案，將 Static Structural (ANSYS) 拉至 Model，接著回到工作平台。

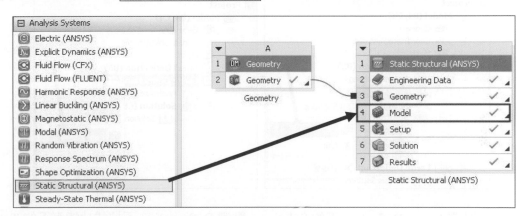

(2)　選取 Static Structural 右鍵點選 Rename 將名稱變更為 Large Deflection。

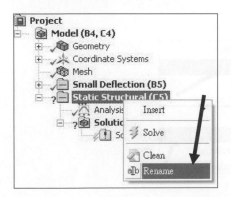

(3) 點選 Large Deflection 下的 Analysis Settings，將 Large Deflection 設定為 On。

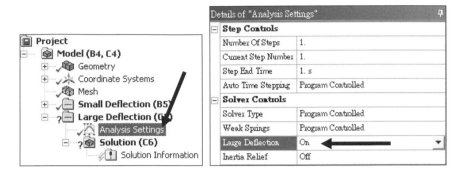

(4) 將 Small Deflection 下 Fixed Support 及 Pressure 右鍵點選 Copy，接著點選 Large Deflection 右鍵點選 Paste。

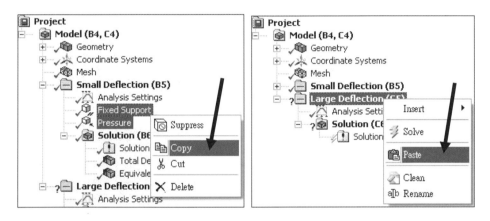

(5) 點選 Large Deflection 下的 Solution，點選 Deformation 下拉式功能表下的 Total 及 Stress 下拉式功能表下的 Equivalent(von-Mises)。

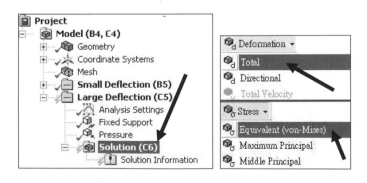

(6) 點選工具列上的 Solve，進行分析。

(7) 結果

　　　點選 Large Deflection 下的 Total Deformation。

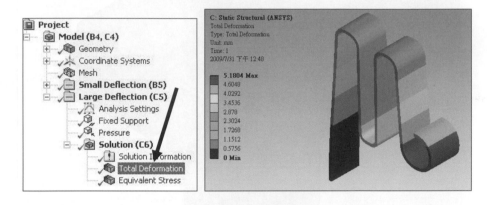

　　　點選 Large Deflection 下的 Equivalent Stress。

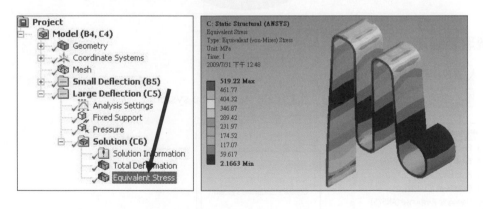

範例 2　管材的鉗夾分析

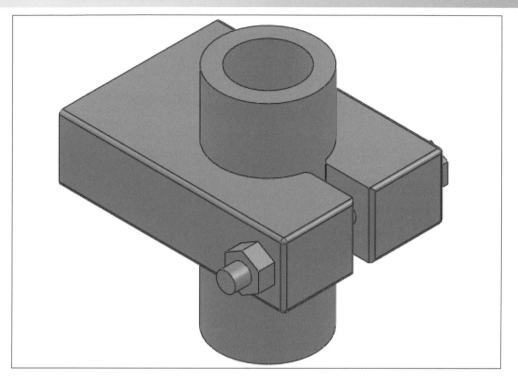

一、系統環境設定

1. 進入 ANSYS Workbench。

2. 將 Static Structural (ANSYS) 拉至 Create standalone system。

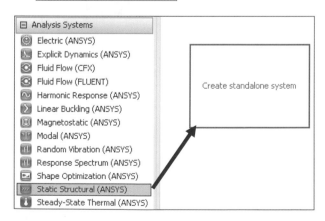

3. 在 Geometry 右鍵點選 Import Geometry＞Browse，將 SolidWorks 圖檔 \Pipe Clamp\Pipe Clamp.SLDASM。

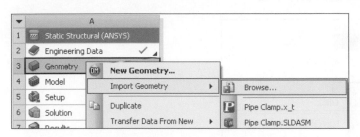

4. 在 Engineering Data 右鍵選擇 Edit。

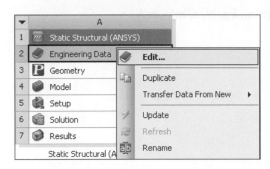

選擇 General Materials，將 Copper Alloy 加入。

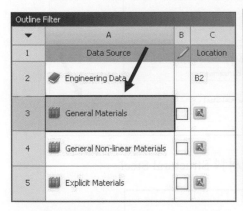

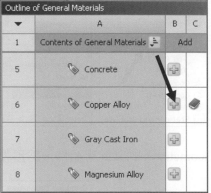

5. 點選 ⬅ Return to Project ，回到專案。

二、制定條件

1. 在 Model 右鍵點選 Edit 進入工作平面。

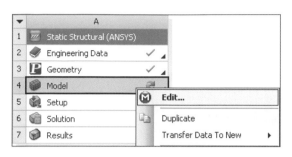

2. 點選 Units 下拉式功能表下的 Metric(mm, kg, N, s, mV, mA)。

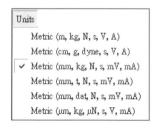

3. 選擇 Geometry 下的 Part 2，在 Assignment 將材料設定成 Copper Alloy。

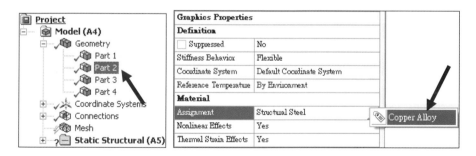

確認 Geometry 下的其餘零組件，為預設材料 Structural Steel。

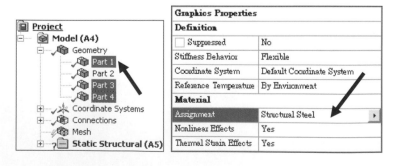

4. 在 Coordinate Systems 右鍵選擇 Insert＞Coordinate System。

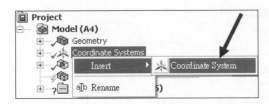

將 Type 設定為 Cylindrical，點選 Origin 下的 Geometry，選擇管材之內面，再按下 Apply。

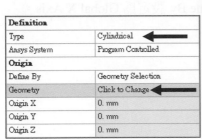

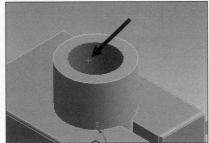

點選 Principal Axis 下的 Axis，將 Axis 設定為 Z，將 Define By 設定為 Geometry Selection。

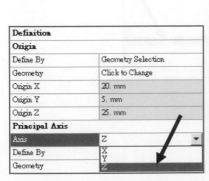

再選擇管材之內面，在 Geometry 按下 Apply。

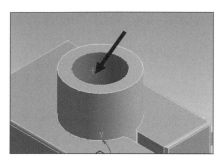

點選 Orientation About Principal Axis，將 Define By 設定為 Global X Axis。

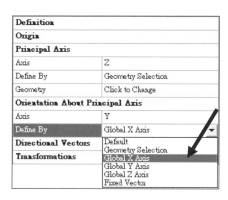

5. 選擇 Connections 下的 Contact Region、Contact Region 2、Contact Region 3、Contact Region 4，將 Formulation 設定為 Augmented Lagrange。

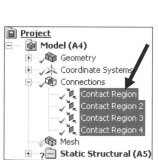
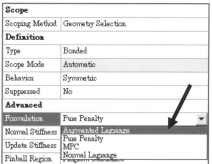

選擇 Connections 下的 Contact Region，將 Type 設定為 Frictional，將 Friction Coefficient 設定為 0.4，選擇 Connections 下的 Contact Region 2，將 Type 設定為 No Separation。

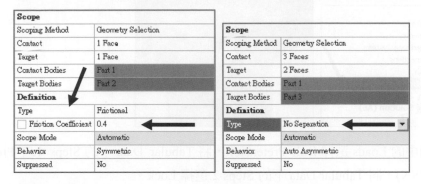

6. 按下 Analysis Settings，將 Number Of Steps 設定為 2，將 Large Deflection 設定為 On。

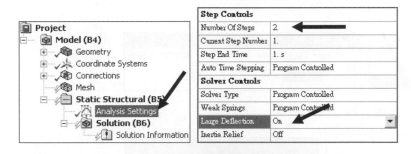

7. 按下 Static Structural，選擇管材上方的面。

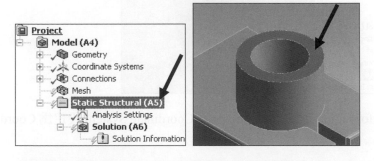

點選工具列中的 Supports 選擇 Fixed Support。

8. 按下 Static Structural，選擇螺栓的面。

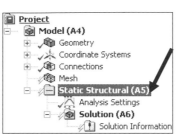 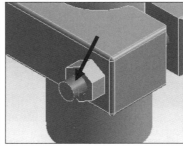

點選工具列中的 Loads 選擇 Bolt Pretension，將 Tabular Data 下的 Steps 1.在 Preload 設定為 1000(N)，將 Tabular Data 下的 Steps 2.選擇 Lock。

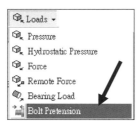 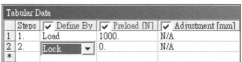

9. 點選 Solution，選擇管材。

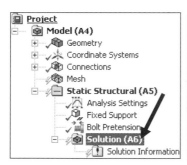 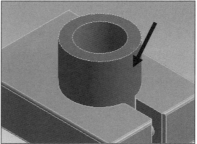

點選工具列中的 Deformation 下的 Directional，將 Coordinate System 設定為 Coordinate System。

10. 點選 Solution，選擇管材表面。

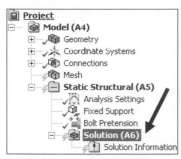 

點選工具列中的 Tools 選擇 Contact Tool。在 Contact Tool 右鍵 Insert > Frictional Stress。

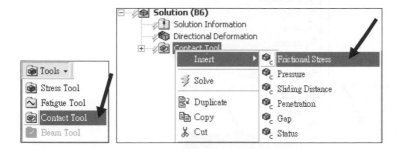

再次 Contact Tool 右鍵 Insert > Pressure。

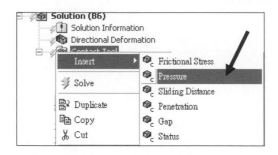

11. 點選 Solution，選擇工具列中 Probe 下的 Force Reaction。

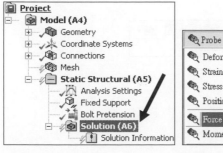 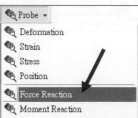

將 Boundary Condition 設定為 Weak Springs。

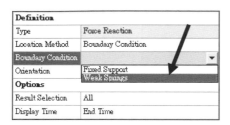

12. 點選 Solution，選擇工具列中 Probe 下的 Bolt Pretension。

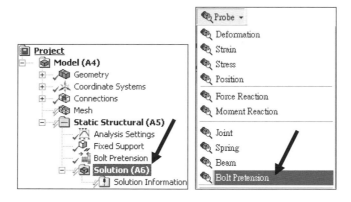

將 Boundary Condition 設定為 Bolt Pretension。

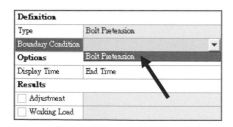

三、進行分析

點選工具列上的 Solve，進行分析。

四、結果

在 Solution 下點選 Directional Deformation。

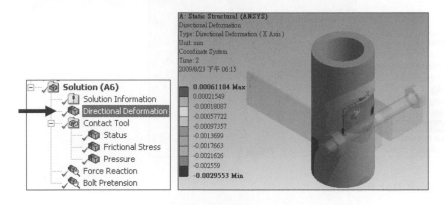

在 Contact Tool 下點選 Frictional Stress。

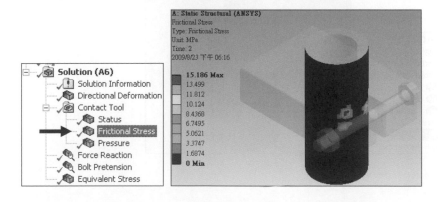

在 Contact Tool 下點選 Pressure。

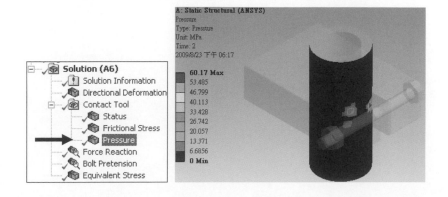

在 Solution 下點選 Force Reaction。

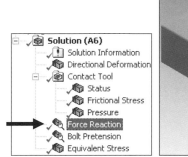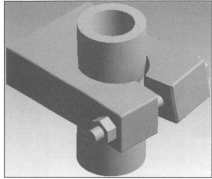

在 Solution 下點選 Bolt Pretension。

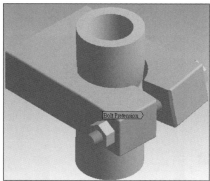

範例 3　彈片勁度分析

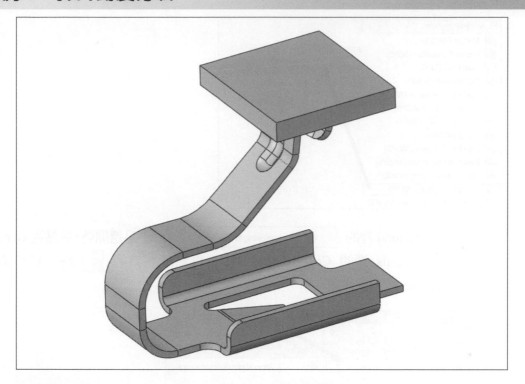

一、系統環境設定

1.　將 SolidWorks 圖檔\Spring_NL\Spring_NL.sldasm 載入至 SolidWorks。

2.　進入 ANSYS Workbench。

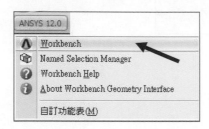

3. 將 ⊞ Static Structural (ANSYS) 拉至 Geometry。

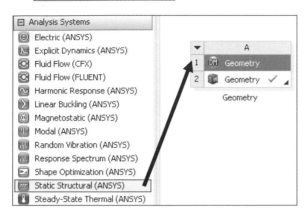

4. 對著 Static Structural 裡的 ⊡2 ⬧ Engineering Data ✓⏋ 點選開啟，並點選 General
   Non-linear Materials 裡的 Copper Alloy NL，再點選右方的 ⊞ 將其材料加至
   Engineering Data 內以供後續使用。

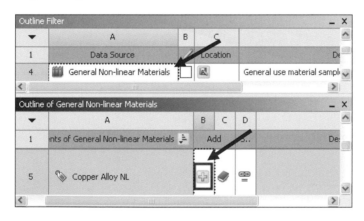

5. 點選 Engineering Data 再點選 Copper Alloy NL，對 Density 點選滑鼠右鍵選擇刪除，並將 Young's Modulus 設為 1.31E+11(Pa)、Poisson's Ratio 設為 0.3，而 Yield Strength 設為 1.1E+09(Pa)、Tangent Modulus 設為 1.31E+09(Pa)。

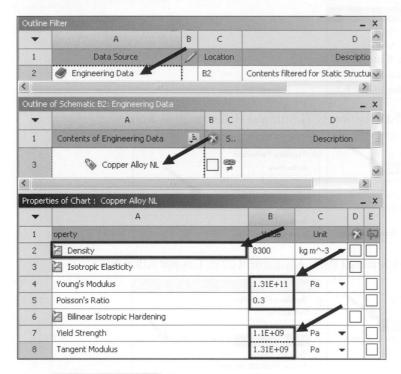

6. 點選 　Return to Project ，返回至專案。

二、制定條件

1. 對 Static Structural 內的 Model 按下右鍵點選 Edit 進入工作平面。

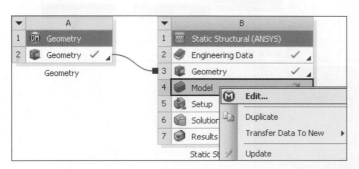

2. 點選 Unit 下拉式功能表，選擇 Metric(mm , kg , N , s , mV , mA)。

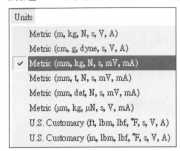

3. 點選 head-1，將 Definition 裡的 Stiffness Behavior 設為 Rigid。

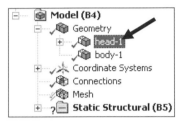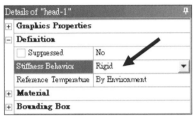

4. 點選 body-1，將 Material 裡的 Assignment 設為 Copper Alloy NL。

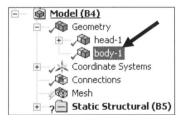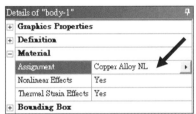

5. 點選平板的上端面(head-1 的上端面)，對 Coordinate Systems 右鍵點選 Insert 裡面的 Coordinate System(即可創造出一個新的座標系統在此平板上)。

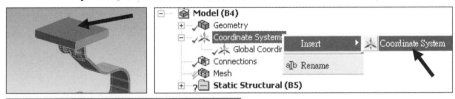

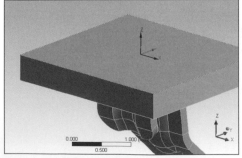

點選 Coordinate Systems 下的 Coordinate System(剛剛創造來的新座標系統)，將 Principal Axis 裡的 Axis 設爲 Z & Define By 設爲 Geometry Selection。

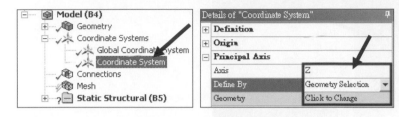

點選 Principal Axis 裡的 Geometry。

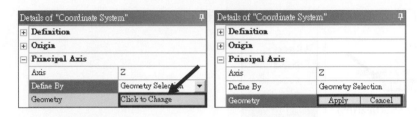

再點選幾何圖形的邊線，然後按下 Apply。

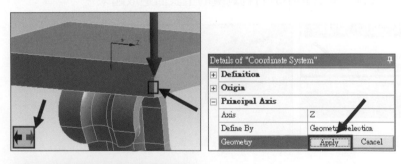

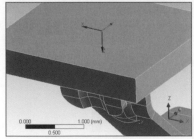

6. 點選平板的上端面(head-1 的上端面)，按下右鍵選擇 Hide Body。

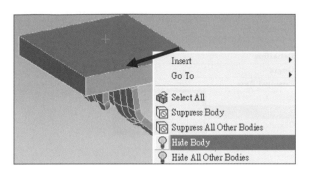

點選 Model 下的 Connections，再點選工具列裡的 Contact 下的 Frictional。

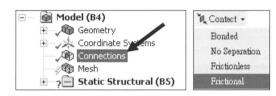

點選 Contact，然後按住 Ctrl 鍵不放將鉤鉤處的上表面選取起來。

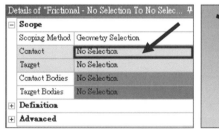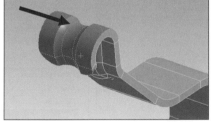

按下 Apply，再對空白處按下右鍵選擇 Show All Bodies。

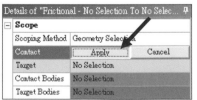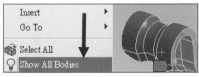

點選 Target，再點選平板的下端面(head-1 的下端面)將其選取起來。

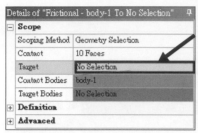 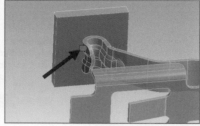

按下 Apply。

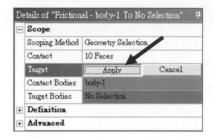

將設定值分別設定：Friction Coefficient 設為 0.15、Behavior 設為 Asymmetric、Interface Treatment 設為 Adjust to Touch、Normal Stiffness 設為 Manual、Normal Stiffness Factor 設為 1.e-002、Update Stiffness 設為 Each Substep、Pinball Region 設為 Radius、Pinball Radius 設為 0.5(mm)、Time Step Controls 設為 Automatic Bisection。

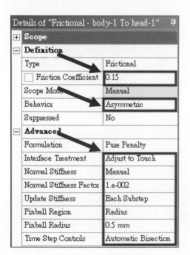

7. 點選平板的上端面(head-1 的上端面)，對 Mesh 按下右鍵 Insert 裡面的 Mapped Face Meshing。

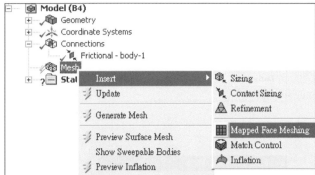

8. 對 Static Structural 裡的 Analysis Settings 點選。

將設定值分別設定：Number Of Steps 設為 2、Auto Time Stepping 設為 On、Initial Substeps 設為 10、Minimum Substeps 設為 5、Maximum Substeps 設為 1.e+008、Weak Springs 設為 Off、Large Deflection 設為 On。

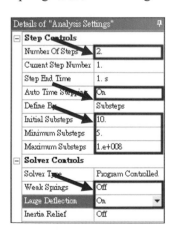

9. 按住 Ctrl 不放點選底座的正反兩面。

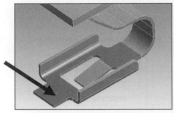 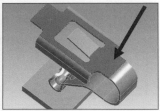

對 Static Structural 按下右鍵點選 Insert 裡面的 Fixed Support。

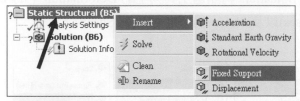

10. 點選平板的上端面，Static Structural 按下右鍵點選 Insert 裡面的 Remote Displacement。

 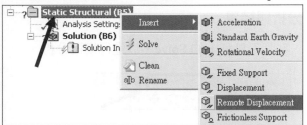

將設定值分別設定：Coordinate System 設為 Coordinate System、X Coordinate 設為 0、Y Coordinate 設為 0、Z Coordinate 設為 0、X Component 設為 Tabular Data、Y Component 設為 Tabular Data、Z Component 設為 Tabular Data、Rotation X 設為 Tabular Data、Rotation Y 設為 Tabular Data、Rotation Z 設為 Tabular Data。

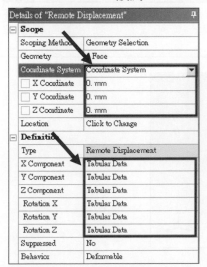

於 Tabular Data 內將 Time(1sec)的 Z 方向位移輸入 2.86(mm)其餘皆輸入零,如下圖所示。

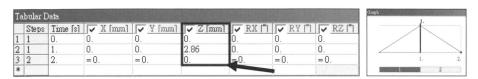

11. 點選一下 Static Structural 下的 Soluation,再點選工具列上的 Deformation 下的 Total & Stress 下的 Equivalent (von-Mises)以及 Stress 下的 Maximum Shear。

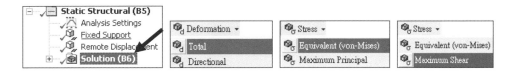

三、分析與結果

1. 點選工具列上的 Solve,以進行模擬分析。

2. 先點選欲觀看之結果後點選播放,即可利用動畫觀看其模擬分析後之結果。

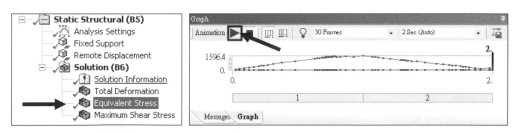

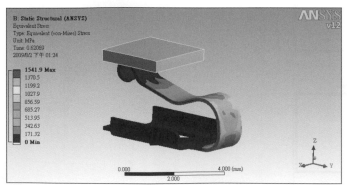

範例 4　彈簧之材料塑性分析

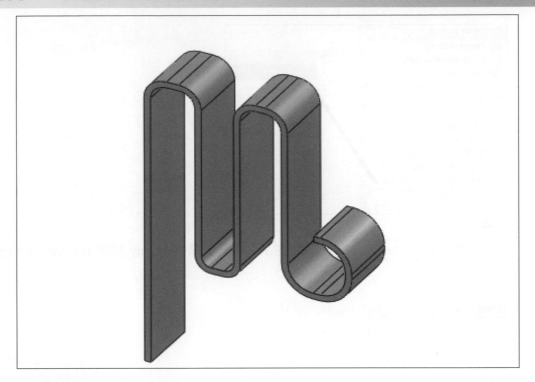

一、系統環境設定

1. 將 SolidWorks 圖檔\Spring_ws02A.SLDPRT 載入 SolidWorks。

2. 進入 ANSYS Workbench。

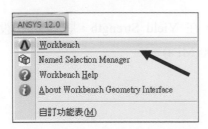

3. 將 Static Structural (ANSYS) 拉至 Geometry。

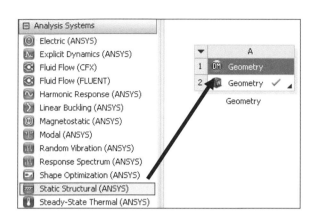

4. 點選 Engineering Data ，在 Toolbox 選擇 Plasticity 點選 Bilinear Isotropic Hardening。

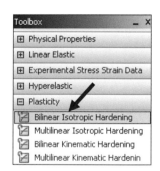

選擇 Engineering Data 下的 Structural Steel，在 Yield Strength，將 Value 設定為 250(MPa)，再將 Tangent Modulus 設定為 10000(MPa)。

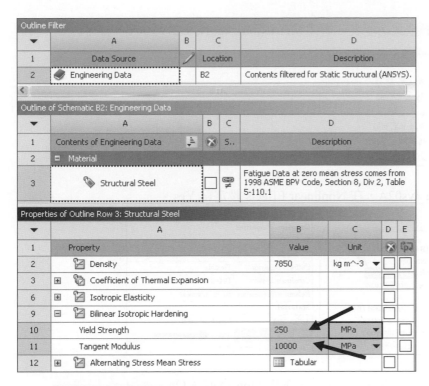

5. 點選 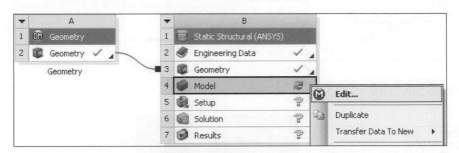 Return to Project，返回至專案。

二、制定條件

1. 在 Model 右鍵點選 Edit 進入工作平面。

2. 點選 Unit 下拉式功能表，選擇 Metric(mm, kg, N, s, mV, mA)。

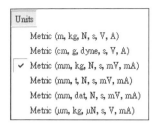

3. 按下 Spring_ws02A，在 Nonlinear Effects 設定為 Yes。

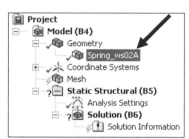

4. 按下 Analysis Settings，在 Large Deflection 設定為 On。

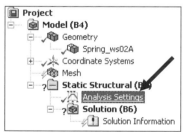

5. 按下 Static Structural，選擇面。

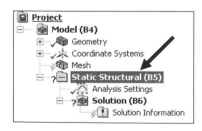 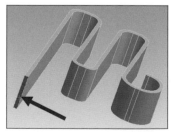

點選上方功能表 Supports 選擇 Fixed Support。在 Geometry 選項按下 Apply。

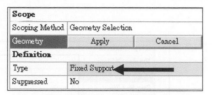

6.　按下 Static Structural，選擇面。

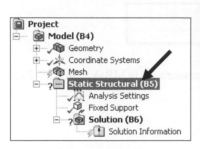

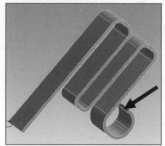

點選上方功能表 Loads 選擇 Pressure。在 Magnitude 設定壓力為 4(MPa)，最後在 Geometry 選項按下 Apply。手冊中設定壓力為 3(MPa)，作者改為 4(MPa)使得非線性特性凸顯。

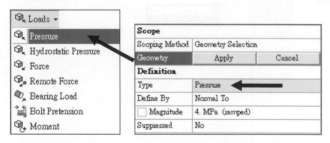

7.　(第一步驟)按下 Analysis Settings，設定 Number Of Steps 為 2，再將 Step End Time 設定為 1(s)，並在 Auto Time Stepping 設定為 On，最後在 Maximum Substeps 設定為 1。

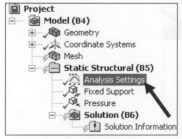

Step Controls	
Number Of Steps	2.
Current Step Number	1.
Step End Time	1. s
Auto Time Stepping	On
Define By	Substeps
Initial Substeps	1.
Minimum Substeps	1.
Maximum Substeps	1.

8. (第二步驟)按下 Analysis Settings，設定 Number Of Steps 為 2，將 Cument Step Number 設定為 2，再將 Step End Time 設定為 2.s，並在 Auto Time Stepping 設定為 On，在 Initial Substeps 設定為 10，最後在 Minimum Substeps 設定為 5、Maximum Substeps 設定為 100。

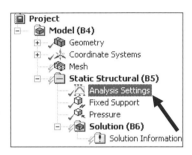

9. 按下 Pressure，在 Tabular Data，設定 Step1：Pressure 為 0(MPa)，Step2：Pressure 為 4(MPa)。

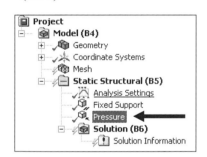

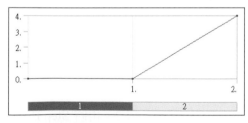

10. 點選 Solution 選擇 Stress 下拉式功能表下的 Equivalent(von-Mises)。

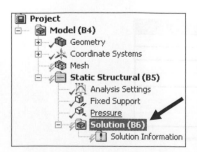
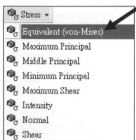

點選 Solution 選擇 Deformation 下拉式功能表下的 Total。

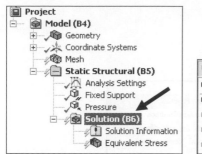 

點選 Solution，選擇 Strain 下拉式功能表下的 Equivalent Plastic。

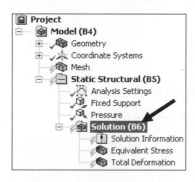 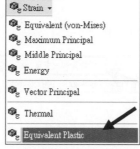

點選 Solution，選擇 Probe 下拉式功能表下的 Force Reaction。

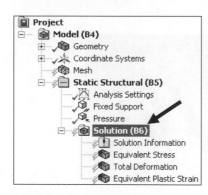 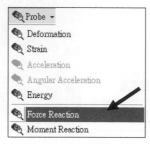

點選 Force Reaction，在 Boundary Condition 設定為 Fixed Support。

三、進行分析

點選工具列上的 Solve，進行分析。

四、結果

在 Solution 下點選 Equivalent Stress。

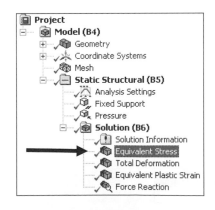 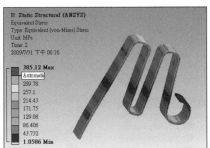

在 Solution 下點選 Total Deformation。

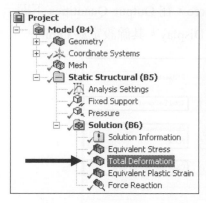
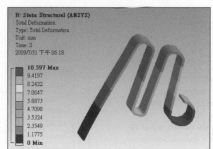

在 Solution 下點選 Equivalent Plastic Strain。

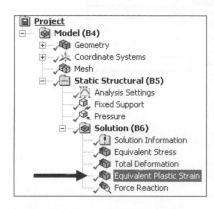

五、製作圖表

選擇 Total Deformation 和 Force Reaction，按下 ⚙。

選擇 Chart，在 Chart Controls 設定 X Axis 為 Total Deformation(Max)，在 Axis Labels 下將 X-Axis 設定為 Displacement、Y-Axis 設定為 Force，在 Output Quantities 下顯示 Total Deformation(Max)為 X-Axis、Force Reaction(Total)為 Display。其餘設定為 Omit。

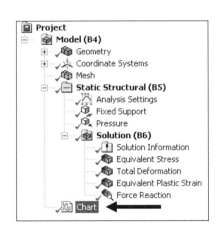

Definition	
Outline Selection	2 Objects
Chart Controls	
X Axis	Total Deformation (Max)
Axis Labels	
X-Axis	Displacement
Y-Axis	Force
Report	
Content	Chart And Tabular Data
Caption	
Input Quantities	
Time	Omit
Output Quantities	
[A] Total Deformation (Min)	Omit
Total Deformation (Max)	X Axis
[B] Force Reaction (X)	Omit
[C] Force Reaction (Y)	Omit
[D] Force Reaction (Z)	Omit
[E] Force Reaction (Total)	Display

圖表結果。

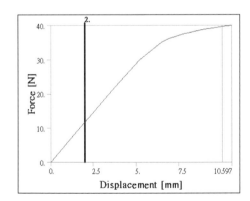

Part 2

ANSYS 傳統介面

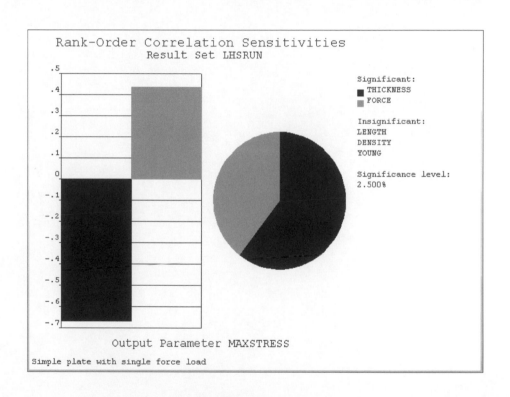

第四章

靜力分析

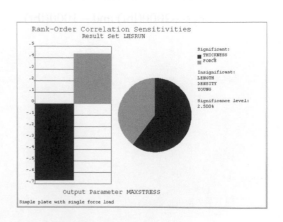

範例 1　桁架之靜力分析

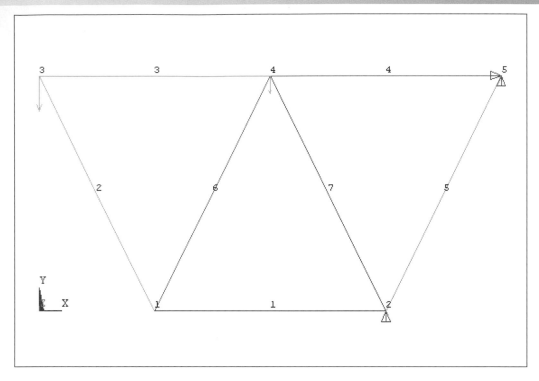

問題：一截面積為 0.5 in² 的桁架結構，右端固定並在左端施加一 Y 方向之 –2000 lbf 的力，中間施加一 Y 方向之 –1000 lbf 的力，試以靜力分析之。

條件：各節點間之水平與垂直高度均為 = 10(in)、5(in)

A = 0.5(in²)

E(Young's Modulus) = 30×10⁶(psi)

v(Poisson's Ratio) = 0.3

F_y = –2000(lbf) and – 1000(lbf)

一、定義元素種類及材料性質

1. 新增元素型式

   依序點選主功能表上的 Preprocessor＞Element Type＞Add/Edit/Delete，接著在對話框中按下 Add 新增元素型式。

   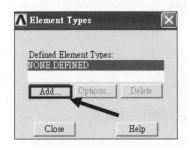

   先選取元素為 Link 接著選擇 2D spar 1，按下 OK 完成元素型式選擇。

   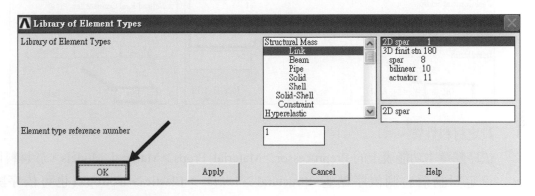

   按下 Close 關閉對話框。

   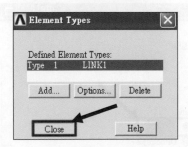

2. 定義實體常數

依序點選主功能表上的 Preprocessor＞Real Constants＞Add/Edit/Delete，按下 Add 新增實體常數然後按下 OK。

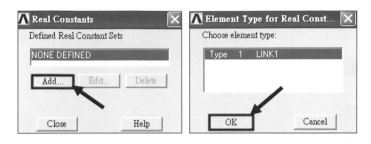

輸入該元素的截面積為 0.5 按下 OK。再按下 Close 關閉對話框。

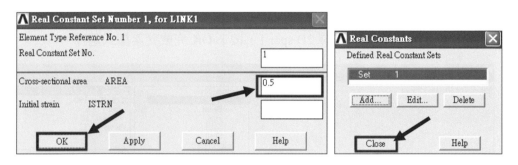

3. 設定材料性質

依序點選主功能表上的 Preprocessor＞Material Props＞Material Models，於材料性質設定對話框右側依序點選 Structural＞Linear＞Elastic＞Isotropic(也可依序點選 Favorites＞Linear Static＞Linear Isotropic 皆具有相同之效果)。

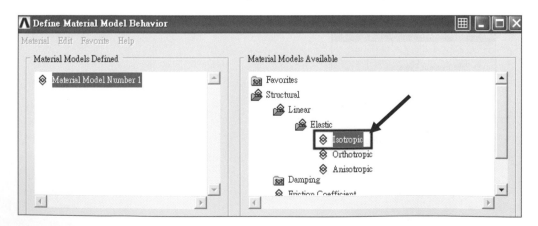

完成點選後，接著在對話框中 EX(Young's Modulus)輸入 30e6、PRXY(Poisson's Ratio)
輸入 0.3，輸入完成後按下 OK。再按下 ⊠ 離開材料性質設定對話框。

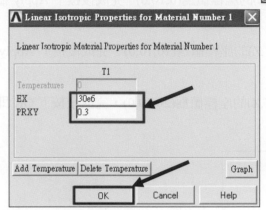

二、建構幾何模型與求解

1. 建立節點

   依序點選主功能表上的 Preprocessor＞Modeling＞Create＞Nodes＞In Active CS 建立
   節點於目前座標系統。在 Node number 處輸入 1，接著依序輸入第一點(X,Y,Z)的座
   標值為(5,0,0)，完成後按下 Apply 繼續建立第二點。

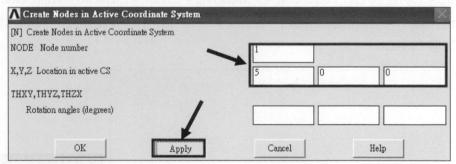

   第二點：Node number 輸入 2、(X,Y,Z)的座標值為(15,0,0)，完成後按下 Apply 繼續建
   立第三點。

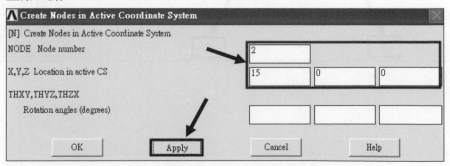

第三點：Node number 輸入 3、(X,Y,Z)的座標值為(0,10,0)，完成後按下 Apply 繼續建立第四點。

第四點：Node number 輸入 4、(X,Y,Z)的座標值為(10,10,0)，完成後按下 Apply 繼續建立第五點。

第五點：Node number 輸入 5、(X,Y,Z)的座標值為(20,10,0)，完成後按下 OK 即完成五個節點的建立，如下圖所示。

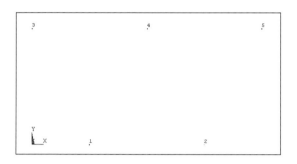

2. 建立元素

依序點選主功能表上的 Preprocessor＞Modeling＞Create＞Elements＞Auto Numbered ＞Thru Nodes，再依序選取節點 1、節點 2 如下圖左所示，完成後按下 Apply 繼續建立第二個 Element。

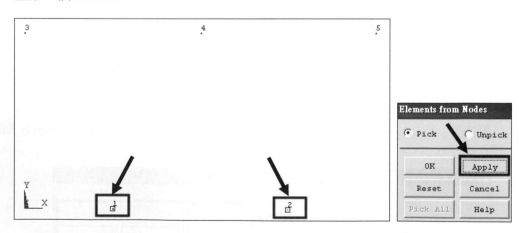

再依序選取節點 1、節點 3 如下圖左所示，完成後按下 Apply 繼續建立第三個 Element。

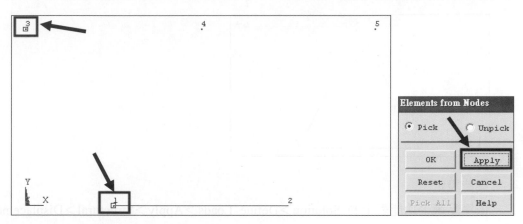

使用者可重複以上之步驟完成元素之建立，其完成圖如下所示。

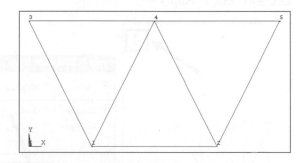

3. 顯示節點與元素編號

點選下拉式功能表中的 PlotCtrls＞Numbering，於對話框中將 Node numbers 勾選起來，並選擇 Element numbers 顯示元素編號，完成後按下 OK。

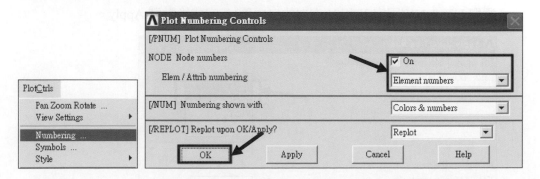

結果如下圖所示(如未繪出則再依序點選下拉式功能表中的 Plot＞Elements 即可)。

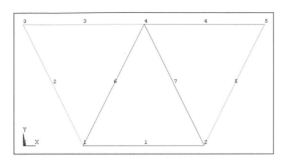

4. 夾持設定

依序點選主功能表上的 Solution＞Define Loads＞Apply＞Structural＞Displacement＞On Nodes。

接著選取節點 5 如下圖左所示，完成選取後按下 Apply。

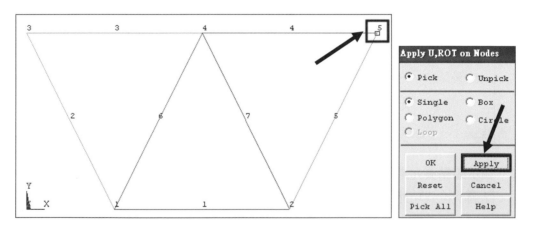

選取 UX & UY(固定 X 和 Y 方向的自由度)，完成後點選 Apply。

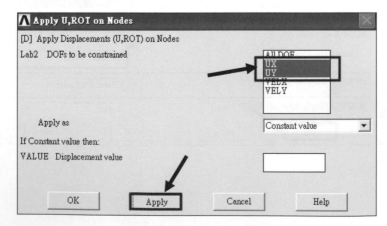

選取節點 2 如下圖左所示，完成後按下 OK。

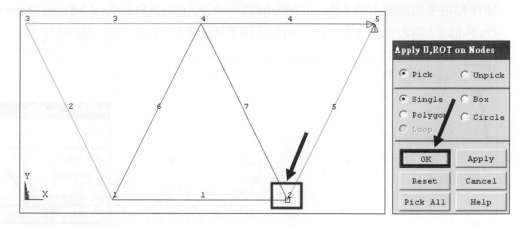

選取 UY(固定 Y 方向的自由度)，完成後點選 OK。

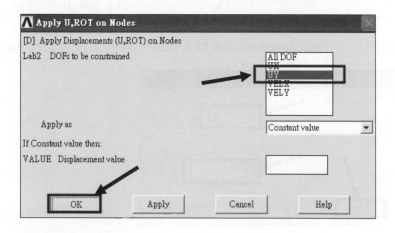

完成後如下圖所示。

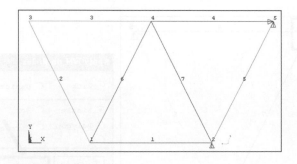

5. 施加負載

依序點選主功能表上的 Solution＞Define Loads＞Apply＞Structural＞Force/Moment＞
On Nodes。選取節點 3 如下圖左所示，按下 Apply。

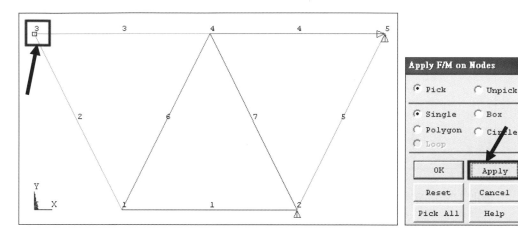

選取 FY 方向的集中力，在 Force/moment value 輸入數值－2000，完成後點選 Apply。

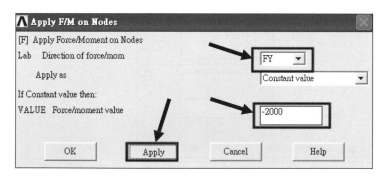

接著選取節點 4 如下圖左所示，完成後按下 Apply。

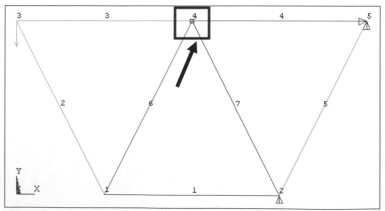
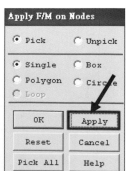

選取 FY 方向的集中力，在 Force/moment value 輸入數值-1000，完成後點選 OK。

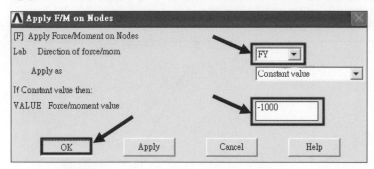

完成後如下圖所示。

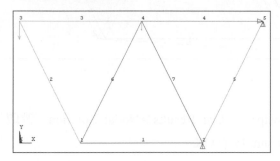

6. 求解

依序點選主功能表上的 Solution＞Current LS，按下 OK 開始執行分析。分析完畢後會彈出訊息視窗提示計算已完成，按下 Close 將其關閉，統計視窗可按下右上方 ☒ 將其關閉。

三、結果

1. 顯示變形圖

依序點選主功能表上的 General Postproc＞Plot Results＞Deformed Shape，選擇 Def + undeformed 按下 OK。

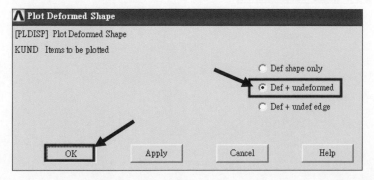

結果如下圖所示。

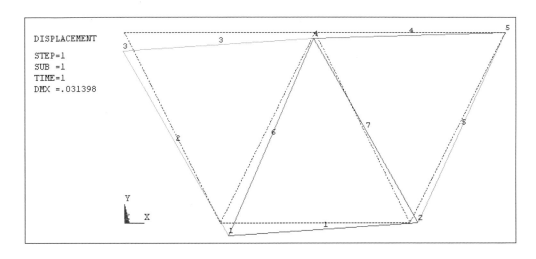

2. 表列出各節點的解

    依序點選主功能表上的 General Postproc＞List Results＞Nodal Solution。選取 DOF solution 裡面的 Displacement vector sum 按下 OK。

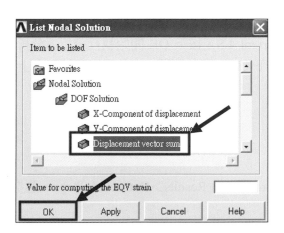

結果如下圖所示。

```
┌─────────────────────────────────────────────────────────────────────┐
│ Λ PRNSOL  Command                                                 ⊠  │
├─────────────────────────────────────────────────────────────────────┤
│ File                                                                  │
├─────────────────────────────────────────────────────────────────────┤
│                                                                       │
│   PRINT U    NODAL SOLUTION PER NODE                                  │
│                                                                       │
│   THE FOLLOWING DEGREE OF FREEDOM RESULTS ARE IN THE GLOBAL COORDINATE SYSTEM │
│                                                                       │
│                                                                       │
│      NODE     UX          UY          UZ          USUM                │
│         1  0.14377E-01-0.20702E-01   0.0000      0.25205E-01          │
│         2  0.13044E-01   0.0000      0.0000      0.13044E-01          │
│         3 -0.30000E-02-0.31254E-01   0.0000      0.31398E-01          │
│         4 -0.23333E-02-0.10484E-01   0.0000      0.10740E-01          │
│         5   0.0000       0.0000      0.0000       0.0000              │
│                                                                       │
│   MAXIMUM ABSOLUTE VALUES                                             │
│   NODE        1           3           0           3                  │
│   VALUE    0.14377E-01-0.31254E-01   0.0000      0.31398E-01          │
│                                                                       │
└─────────────────────────────────────────────────────────────────────┘
```

範例 2　板之靜力分析

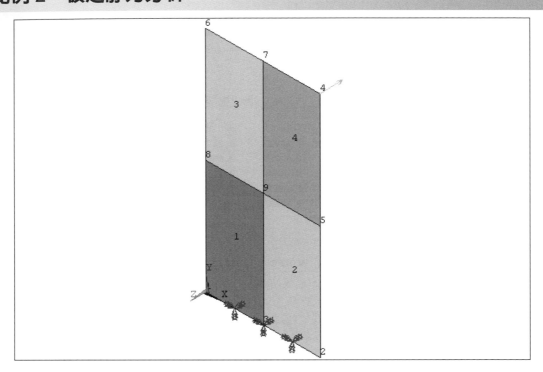

問題：一長方形板，在底端夾持固定，於頂端右側之節點上施以 FZ＝－100 N 的集中力，試以靜力分析。

條件：LX = 10(m)

　　　LY = 20(m)

　　　LZ = 1(m)

　　　FZ = －100(N)

　　　E(Young's Modulus) = 3.0×10^{11}(N/m^2)

　　　ν(Poisson's Ratio) = 0.3

一、設定輔助網格

顯示工作平面與定義輔助網格：

執行下拉式功能表 WorkPlane ＞ Display Working Plane，再執行下拉式功能表 WorkPlane ＞ WP Settings。選擇 Grid Only，Snap Incr 設定為 10，Spacing 設定為 10、Minimum 設定為 0、Maximum 設定為 20，按下 OK 完成設定。可利用縮放工具調整至適當大小。

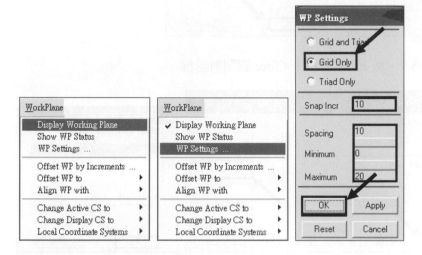

二、定義元素種類及材料性質

1. 新增元素型式

    依序點選主功能表上的 Preprocessor ＞ Element Type ＞ Add/Edit/Delete，接著在對話框中按下 Add 新增元素型式，先選取元素為 Shell 接著選擇 Elastic 4node 63，按下 OK 完成。

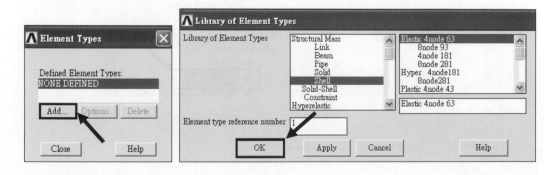

2. 定義實體常數

依序點選主功能表上的 Preprocessor＞Real Constants＞Add/Edit/Delete，按下 Add 新增實體常數然後按下 OK。

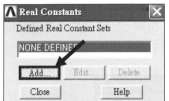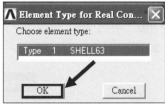

將板厚設定為 1，按下 OK。按下 Close 關閉對話框。

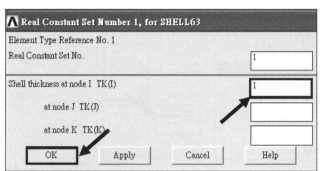

3. 設定材料性質

依序點選主功能表上的 Preprocessor＞Material Props＞Material Models，於材料性質設定對話框右側依序點選 Favorites＞Linear Static＞Linear Isotropic。

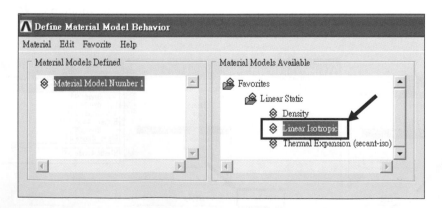

接著在對話框中 EX(Young's Modulus)輸入 3e11、PRXY(Poisson's Ratio)輸入 0.3，輸入完成後按下 OK。再按下 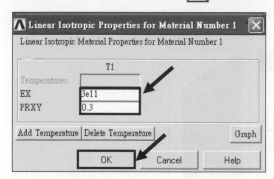 離開材料性質設定對話框。

三、建構幾何模型與求解

1. 繪製幾何圖形

依序點選主功能表上的 Preprocessor＞Modeling＞Create＞Areas＞Rectangle＞By 2 Corners。點選原點座標(0,0)，再點選座標(10,20)，按下對話框中 OK 完成。

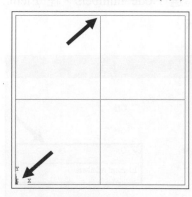
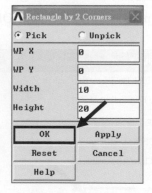

2. 定義分割網格

依序點選主功能表上的 Preprocessor＞Meshing＞Size Cntrls＞ManualSize＞Global＞Size。將 NDIV No. of element divisions-設定為 2，完成後按下 OK。

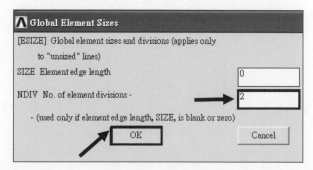

3. 進行分隔以等角視圖顯示

依序點選主功能表上的 Preprocessor＞Meshing＞Mesh＞Areas＞Free，點選 Pick All。

執行 PlotCtrls 下拉式功能表中 Pan, Zoom, Rotate。按下 Iso，再按 Fit，再按下 Close。

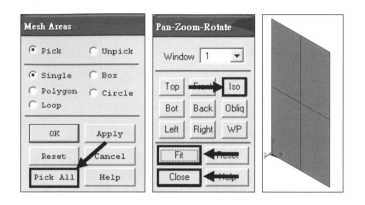

4. 顯示節點及元素編號

點選 PlotCtrls 下拉式功能表中的 Numbering，勾選 Node numbers，在 Elem/Attrib numbering 選擇 Element numbers，完成後按下 OK。

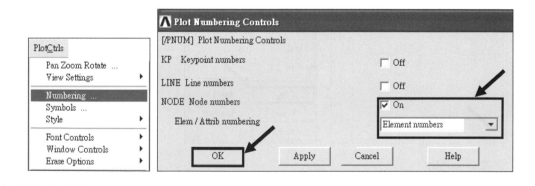

5. 夾持設定

依序點選主功能表上的 Solution＞Define Loads＞Apply＞Structural＞Displacement＞
On Lines。點選板材下底之線，完成選取後按下 OK。

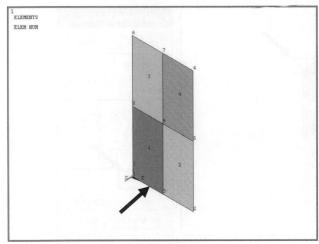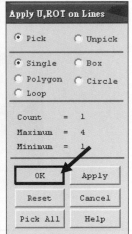

選取 All DOF，完成後點選 OK。

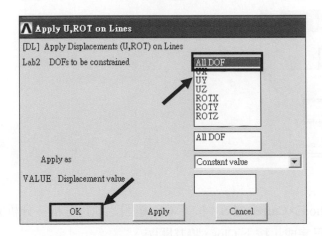

6. 施加負載

依序點選主功能表上的 Solution＞Define Loads＞Apply＞Structural＞Force/Moment＞
On Nodes。點選板材之 4 號點，完成選取後按下 OK。

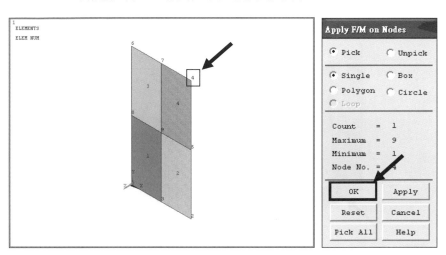

選取 FZ 方向的集中力，在 Force/moment value 輸入－100，完成後點選 OK。

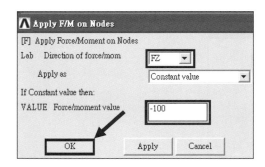

7. 求解

依序點選主功能表上的 Solution＞Current LS。按下 OK 鈕開始執行分析。分析完畢
後會彈出訊息視窗提示計算已完成，按下 Close 將其關閉。

三、結果

1.　顯示節點總合應力

點選下拉式功能表中的 General Postproc＞Plot Results＞Contour Plot＞Nodal Solu，選擇 Stress 下的 von Mises Stress，按下 OK。

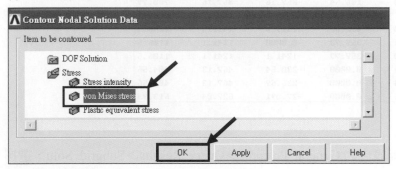

結果如下圖所示。

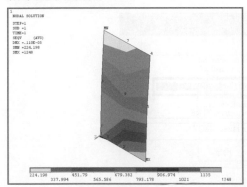

2.　表列出各節點應力

點選下拉式功能表中的 General Postproc＞List Results＞Nodal Solution，選擇 Stress 下的 1st Principal Stress，按下 OK。

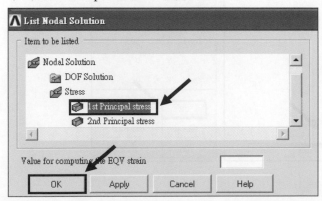

結果如下圖所示。

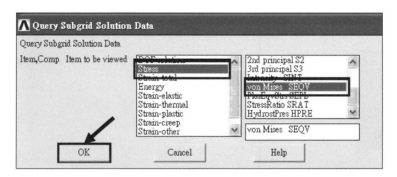

NODE	S1	S2	S3	SINT	SEQU
1	857.16	186.54	0.0000	857.16	780.79
1	0.0000	-186.54	-857.16	857.16	780.79
2	1419.5	492.68	0.0000	1419.5	1248.4
2	0.0000	-492.68	-1419.5	1419.5	1248.4
3	1241.1	357.73	0.0000	1241.1	1106.5
3	0.0000	-357.73	-1241.1	1241.1	1106.5
4	236.59	0.0000	-230.54	467.13	404.56
4	230.54	0.0000	-236.59	467.13	404.56
5	599.95	0.0000	-27.091	627.04	613.94

3. 列出節點應力值

點選下拉式功能表中的 General Postproc＞Query Results＞Subgrid Solu，選擇 Stress 下的 von Mises SEQV，按下 OK。

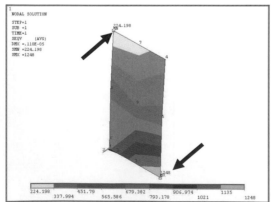

點選應力最小值和最大值兩節點，完成選取後按下 OK。

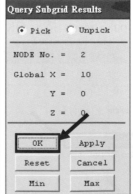

4. 列示節點自由度

點選下拉式功能表中的 General Postproc＞List Results＞Nodal Solution，選擇 DOF Solution 下的 Displacement vector sum，按下 OK。

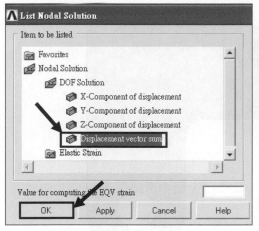

NODE	UX	UY	UZ	USUM
1	0.0000	0.0000	0.0000	0.0000
2	0.0000	0.0000	0.0000	0.0000
3	0.0000	0.0000	0.0000	0.0000
4	0.0000	0.0000	-0.11024E-05	0.11024E-05
5	0.0000	0.0000	-0.34905E-06	0.34905E-06
6	0.0000	0.0000	-0.87802E-06	0.87802E-06
7	0.0000	0.0000	-0.99367E-06	0.99367E-06
8	0.0000	0.0000	-0.25352E-06	0.25352E-06
9	0.0000	0.0000	-0.31213E-06	0.31213E-06

MAXIMUM ABSOLUTE VALUES

NODE	0	0	4	4
VALUE	0.0000	0.0000	-0.11024E-05	0.11024E-05

範例 3 角架之靜力分析

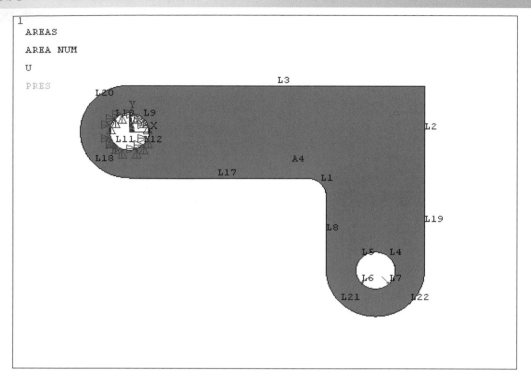

問題：L 型角架結構其材質為鋼，寬度為 4 in，左上方有一孔直徑 1 in，並且固定右下方有一孔洞承受均變力，試以靜力分析之。

條件：E(Young's Modulus) = 30×10^6(psi)

v(Poisson's Ratio) = 0.27

一、定義元素及材料

1. 新增元素型式

   執行主功能表 Preprocessor＞Element Type＞Add/Edit/Delete，接著再按下 Add。先選
   取元素為 Solid，接著選擇 quad 8node 82，之後按下 OK。

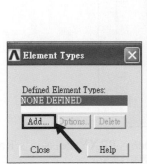
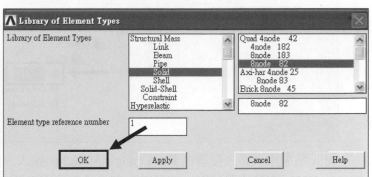

接著按下 Option 進入，於第一欄中更改選項為 Plane strs w/thk，再按下 OK。

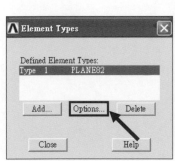
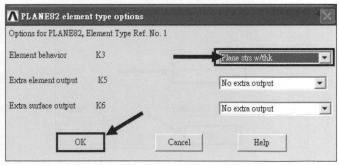

2. 關閉元素型式的對話框

   回到元素型式對話框，已經新增了 PLANE82 的元素，按下 Close。

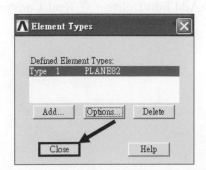

3. 設定材料性質

依序點選主功能表上的 Preprocessor＞Material Props＞Material Models，於材料性質設定點選 Structural＞Linear＞Elastic＞Isotropic。

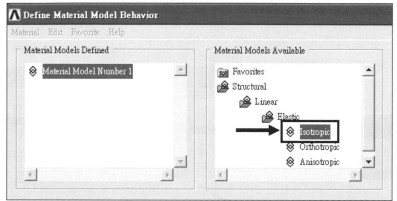

完成點選指令後，接著在 EX(Young's Modulus)輸入 30e6，PRXY(Poisson's Ratio)輸入 0.27，在輸入數值後，按下 OK 完成設定。再按下 ⊠ 離開。

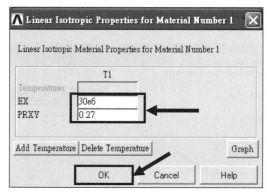

二、定義實體常數

1. 新增實體常數

執行主功能表中 Preprocessor＞Real Constants＞Add/Edit/Delete。在 Real Constants，按下 Add。

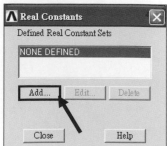

2. 輸入實體常數

在 Element Type for Real Constants，即編號為 1 號之 PLANE82 元素。按下 OK。第二欄輸入厚度為 0.5，按 OK 完成設定。

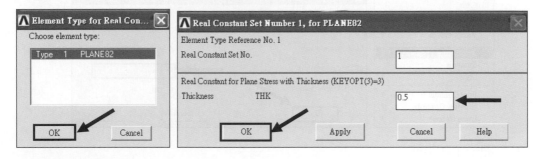

3. 關閉實體常數的對話框

回到實體常數對話框，已經新增了編號為 1 的實體常數集合，按下 Close。

三、建構幾何圖形

1. 建立長方形

執行主功能表 Preprocessor＞Modeling＞Create＞Areas＞Rectangle＞By Dimensions。接著依序輸入 X1=0，X2=6，Y1=−1，Y2=1，完成輸入後按下 Apply 完成第一個長方形。

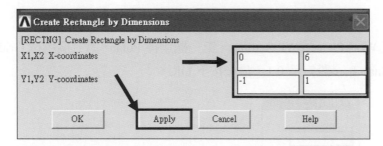

接著依序輸入 X1=4，X2=6，Y1=−1，Y2=−3，完成輸入後按下 OK 完成第二個長方形。

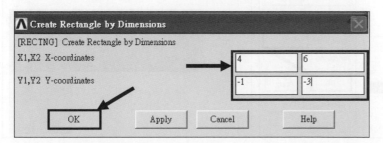

2. 顯示平面編號

執行下拉式功能表中 PlotCtrls＞Numbering，接著將 Area number 勾選後，再按下 OK。

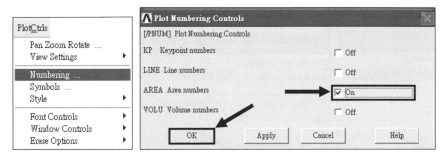

3. 顯示工作平面

執行下拉式功能表中 WorkPlane＞Display Working Plane。

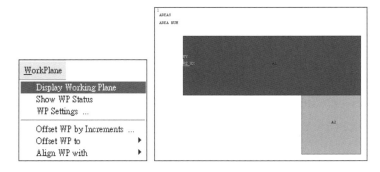

4. 工作平面設定

執行下拉式功能表 WorkPlane＞WP Settings，第一欄選擇 Polar，第二欄選擇 Grid and Triad，第三欄更 Snap Incr 設定為 0.1，最後按下 OK。

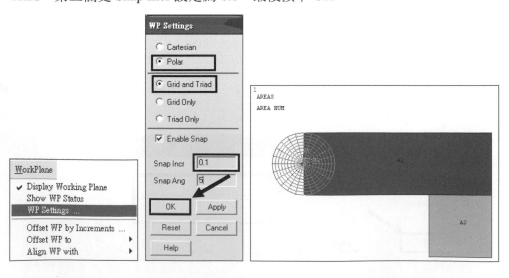

5. 建立實體圓

   執行主功能表 Preprocessor＞Modeling＞Create＞Areas＞Circle＞Solid Circle，接著依序輸入 WP X=0，WP Y=0，Radius=1，再按下 OK。

6. 偏移工作平面

   執行下拉式功能表中 WorkPlane＞Offset WP to＞Keypoints。

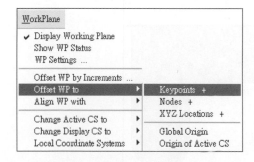

接著點選右下圖中所示之兩端點，再按下 OK。

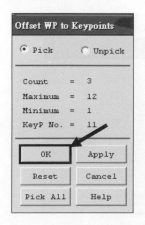
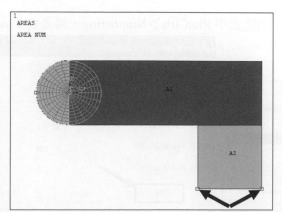

7. 建立實體圓

執行主功能表 Preprocessor＞Modeling＞Create＞Areas＞Circle＞Solid Circle，接著依序輸入 WP X=0，WP Y=0，Radius=1，再按下 OK。

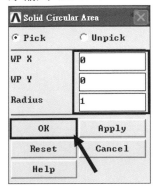

8. 平面相加

執行主功能表 Preprocessor＞Modeling＞Operate＞Booleans＞Add＞Areas，接著按下 Pick All。

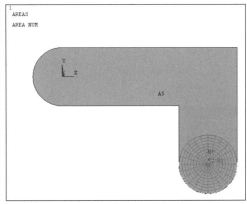

9. 顯示線段編號

執行下拉式功能表中 PlotCtrls＞Numbering，接著將 Line number 勾選後，按下 OK。

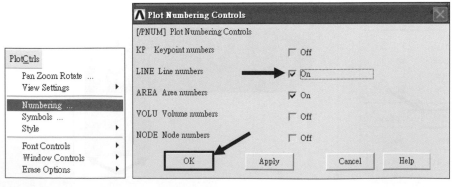

10. 關閉工作平面

    執行下拉式功能表中 WorkPlane＞Display Working Plane。

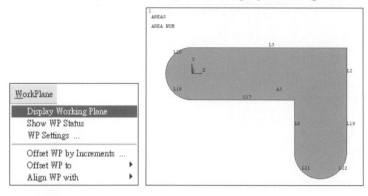

11. 建立線圓角

    執行主功能表 Preprocessor＞Modeling＞Create＞Lines＞Line Fillet，接著點選兩條線段，再按下 OK。

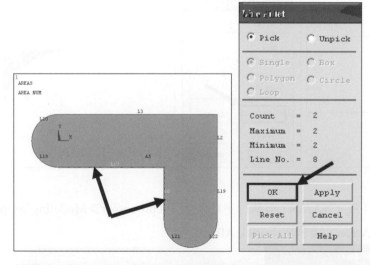

    接著在 Fillet radius 輸入 0.4，再按下 OK。

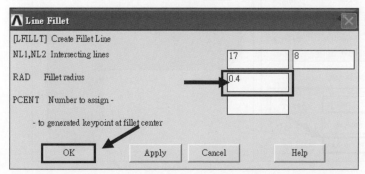

12. 顯示線段

執行下拉式功能表中 Plot＞Lines。

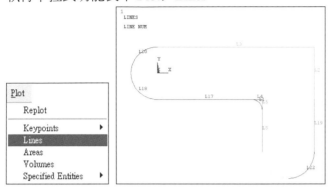

13. 建立圓角平面

執行主功能表 Preprocessor＞Modeling＞Create＞Areas＞Arbitrary＞By Lines，接著點選所示之三條線段，再按下 OK 鈕確定。

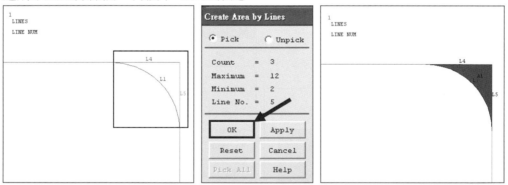

14. 平面相加

執行下拉式功能表中 Plot＞Areas，再執行主功能表 Preprocessor＞Modeling＞Operate＞Booleans＞Add＞Areas，接著按下 Pick All。

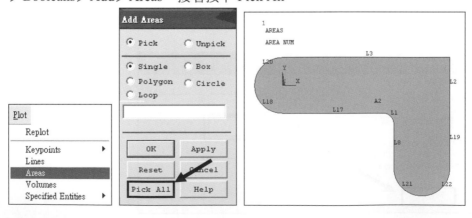

15. 顯示工作平面

從下拉式功能表執行 WorkPlane＞Display Working Plane。

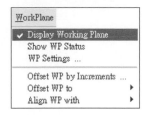

16. 建立實體圓

執行主功能表 Preprocessor＞Modeling＞Create＞Areas＞Circle＞Solid Circle，接著依序輸入 WP X=0，WP Y=0，Radius=0.4，再按下 OK；再執行下拉式功能表中 WorkPlane＞Offset WP to＞Global Origin 偏移工作平面。

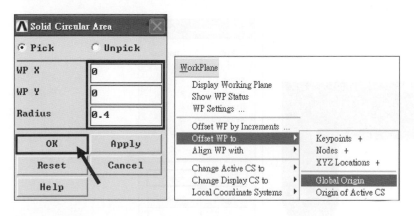

17. 建立實體圓

執行主功能表 Preprocessor＞Modeling＞Create＞Areas＞Circle＞Solid Circle，接著依序輸入 WP X=0，WP Y=0，Radius=0.4，再按下 OK 完成。

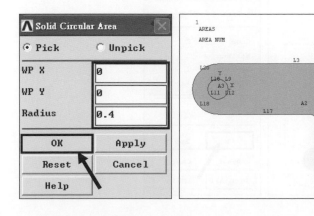

18. 顯示線段

執行下拉式功能表中 Plot＞Lines。

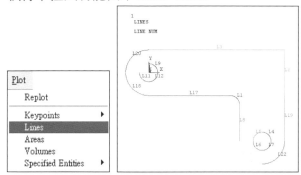

19. 建立栓孔

執行主功能表 Preprocessor＞Modeling＞Operate＞Booleans＞Subtract＞Areas，接著點選所示之基本平面，按下 Apply。

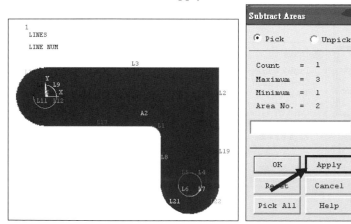

然後點選圖中之兩個圓形，再按下 OK。

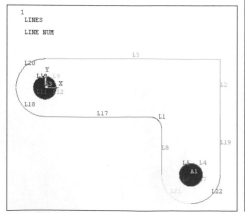
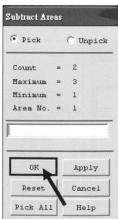

四、分格

分格設定：

執行主功能表 Preprocessor＞Meshing＞Mesh Tool。按下 Global 之 Set，接著在 Element edge length 輸入 0.5，按下 OK。

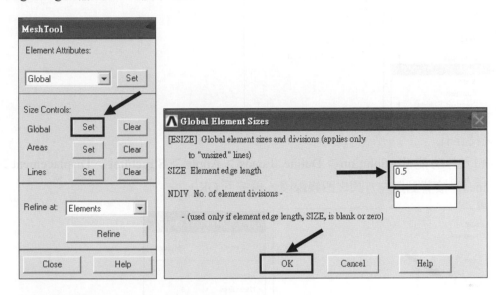

點選 Mesh 進行分格，再按下 Pick All，最後再按下 Close。

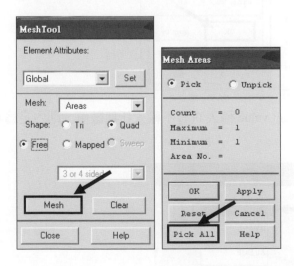

五、夾持及壓力

1. 顯示線段

   執行下拉式功能表中 Plot＞Lines。

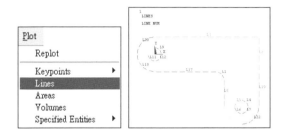

2. 夾持栓孔

   執行主功能表 Solution > Define Loads > Apply > Structural > Displacement > On Lines，接著點選左方圓之四條線段，再按下 OK。

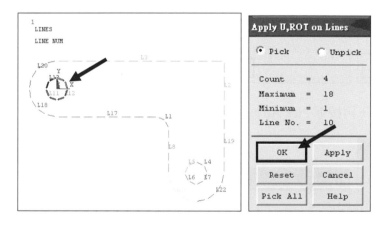

   接著點選 All DOF，在 Displacement value 輸入 0(若不輸入任何數值，則內定為零)，再按下 OK。

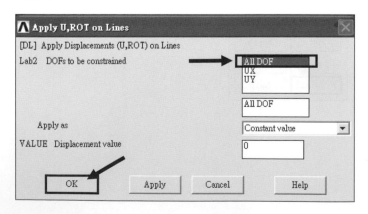

3. 施加壓力在栓孔

   執行主功能表 Solution＞Define Loads＞Apply＞Structural＞Pressure＞On Lines，接著點選所示之線段，再按下 OK。

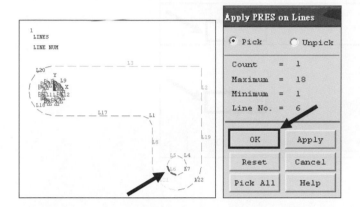

接著在 Load PRES value 輸入 50，Value 輸入 500，按下 Apply。

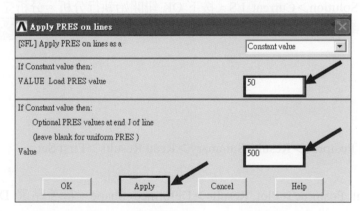

點選所示之線段，再按下 OK。

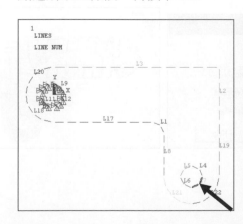
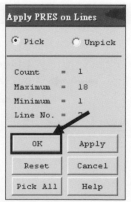

偏移工作平面接著在 Load PRES value 輸入 500，Value 輸入 50，再按下 OK。

六、分析

執行分析：

依序點選主功能表上的 Solution＞Current LS，按下 OK 鈕開始執行分析。分析完畢後會彈出訊息視窗提示計算已完成，按下 Close 將其關閉，統計視窗可按下右上方 ☒ 將其關閉。

七、結果

1. 設定分析第一個結果

   執行主功能表 General Postproc＞Results Summary＞Read Results＞First Set。

2. 圖示變形圖

   執行主功能表 General Postproc＞Plot Results＞Deformed Shape，接著點選 Def + undeforned，再按下 OK。

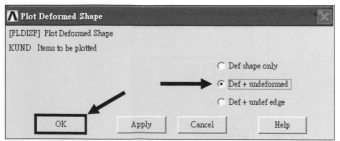
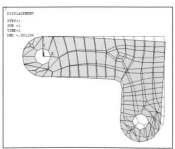

3. 圖示節點解

執行主功能表 General Postproc＞Plot Results＞Contour Plot＞Nodal Solu，接著點選 Stress 之 von Mises Stress，按下 OK。

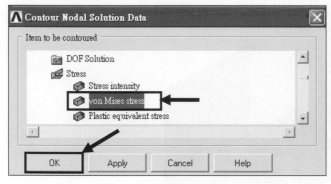 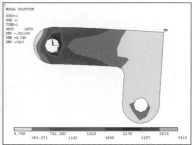

範例 4　複合板之靜力分析

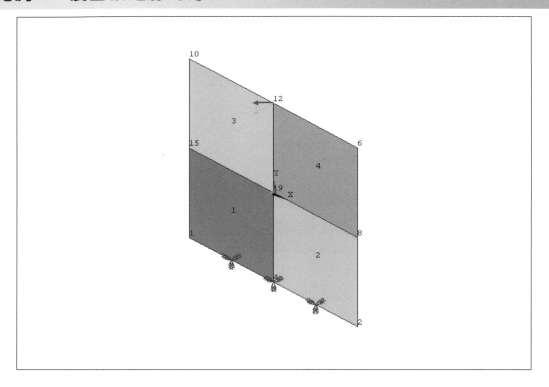

問題：一尺寸為 0.4 m×0.4 m 之方形積層板，在底端夾持固定，於頂端中央之節點上施以一 Z 方向的集中力，試以靜力分析之。使用 SI 單位之碳纖維(Gr70%-Epoxy30%)之複材，其值參考 A.K. Kaw (1997)之複合材料力學。現在假設一個對稱之積層板(45/-45)共有 4 層，其厚度各為 1 mm。

條件：$L_X = 0.4$(m) $L_Y = 0.4$(m)

$L_Z = 0.001$(m)×4 層

E_X (Young's Modulus) $= 10^8 \times 10^9 (\text{N/m}^2)$

$E_Y = E_Z = 10.3 \times 10^9 (\text{N/m}^2)$

$G_{XY} = G_{YZ} = G_{XZ} = 7.17 \times 10^9 (\text{N/m}^2)$

ν_{XY} (Poisson's Ratio) $= \nu_{YZ} = \nu_{XZ} = 0.28$

$F_Z = 100$(N)

一、定義元素及材料

1. 新增元素型式

   執行主功能表 Preprocessor＞Element Type＞Add/Edit/Delete，接著在對話框中按下 Add 新增元素型式，如下圖所示。

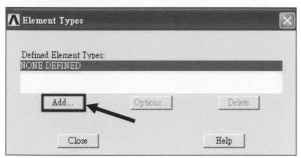

2. 定義元素型式

   先選取元素形式為 Shell，接著選擇 Linear Layer 99 層狀 4 個節點元素，之後按下 OK 確定，完成元素型式選擇，如下圖所示。

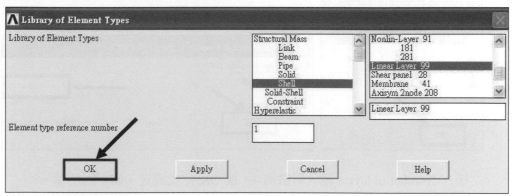

3. 關閉元素型式的對話框

   回到元素型式對話框，按下對話框中 Close 關閉對話框，如下圖所示。

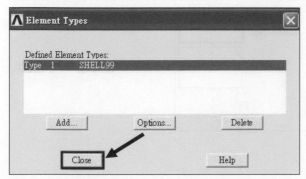

4. 定義實體常數

執行主功能表 Preprocessor＞Real Constants＞Add/Edit/Delete，接著在對話框中按下 Add 新增實體常數，如下圖所示。

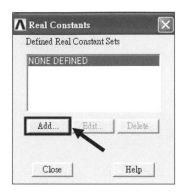

接著選擇定義 SHELL99 元素之實體常數，按下 OK 繼續；在 Real Constant Set No. 輸入 1，接著按下 OK 繼續。

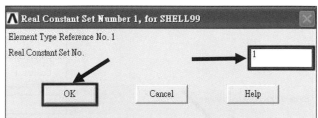

之後在 Number of layers 輸入層數為 4，按 OK 完成設定，如下圖所示。

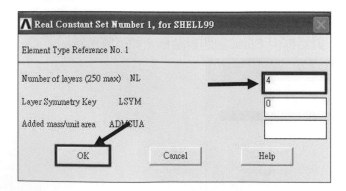

接著輸入各層之材料編號、角度方向與厚度。

第一層：Layer number 1(MAT,THETA,TK)輸入(1,45,0.001)

第二層：Layer number 2(MAT,THETA,TK)輸入(1, −45,0.001)

第三層：Layer number 3(MAT,THETA,TK)輸入(1, −45,0.001)

第四層：Layer number 4(MAT,THETA,TK)輸入(1,45,0.001)

完成後按下 OK，如下圖所示。

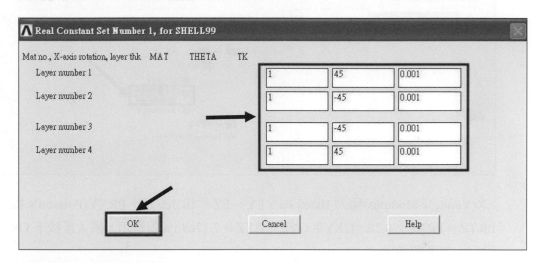

5. 關閉實體常數對話框

按下對話框中 Close 關閉對話框，如下圖所示。

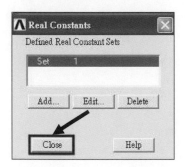

6.　設定材料性質

執行主功能表 Preprocessor＞Material Props＞Material Models，在材料性質設定對話框右側依序點選兩次 Structural＞Linear＞Elastic＞Orthotropic，如下圖所示。

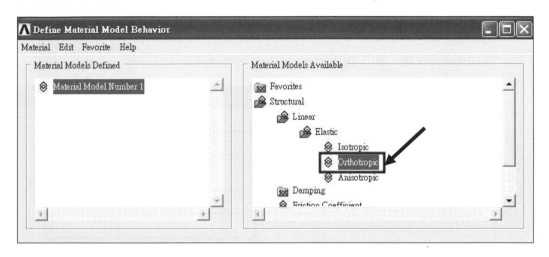

EX(Young's Modulus)輸入 108e9 Pa、EY = EZ = 10.3e9 Pa，PRXY(Poisson's Ratio) = PRYZ = PRXZ = 0.28，GXY = GYZ = GXZ = 7.17e9 Pa 等數值，輸入後按下 OK 完成設定，如下圖所示。

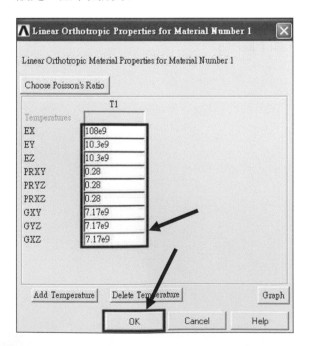

7. 關閉材料性質設定對話框

完成材料性質的設定後，可於對話框右上方按下 ☒，離開材料性質設定。

三、繪製幾何圖形

繪製長方形：

執行主功能表 Preprocessor＞Modeling＞Create＞Rectangle＞By Dimensions，接著輸入座標點 X1 =−0.2，X2 = 0.2，Y1 =−0.2，Y2 = 0.2，完成輸入後按下 OK。

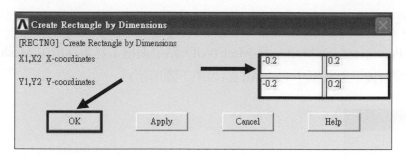

四、分格

1. 定義元素尺寸

執行主功能表 Preprocessor＞Meshing＞MeshTool，系統會顯示網格工具對話框，在 Size Controls 尺寸控制底下的 Areas 按下 Set，如左下圖所示，之後按下 Pick All，如右下圖所示。

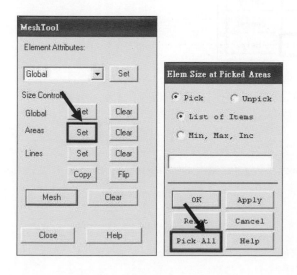

然後在 SIZE Element edge length 輸入 0.2，按下 OK 完成定義，如下圖所示。

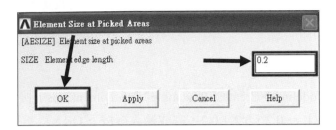

2. 進行分格

執行主功能表 Preprocessor＞Meshing＞MeshTool，點選網格工具對話框中 Mesh，如左下圖所示。接著按下對話框中 Pick All 按(如中下圖所示)。

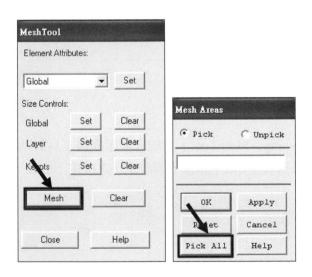

3. 顯示節點及元素編號

執行下拉式功能表 PlotCtrls＞Numbering，如左下圖所示；先將 Node numbers 節點編號顯示勾選後，再選擇 Element numbers 元素編號選項後，按下 OK 完成設定，如右下圖所示。

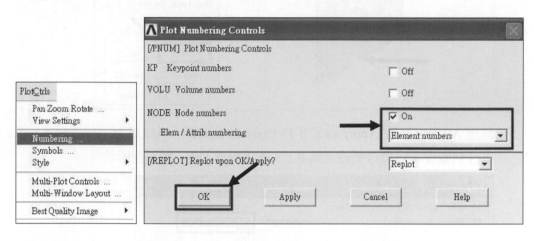

4. 等角視圖顯示

執行下拉式功能表 PlotCtrls＞Pan, Zoom, Rotate，如左下圖所示；接著按下 Iso 按(如中下圖所示)。

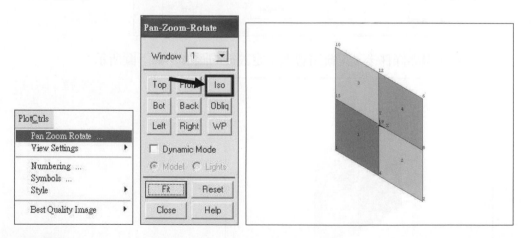

五、負載及夾持

1. 板底端夾持

執行主功能表 Solution＞Define Loads＞Apply＞Structural＞Displacement＞On Lines，點選板底端的線，如左下圖所示；在對話框中按下 OK 繼續，如右下圖所示。

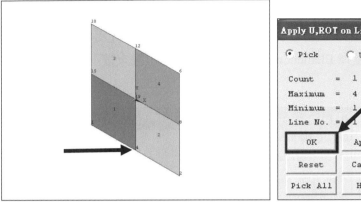

點選 All DOF，在 Apply as 設定為 Constant value，VALUE Displacement Value 不輸入任何數字系統將自動設定為 0，完成後點選 OK，如下圖所示。

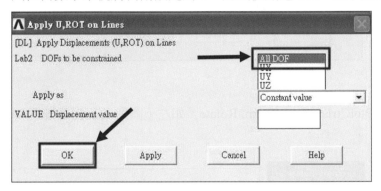

完成定義邊界條件後，系統將會顯示定義後的圖形，如下圖所示。

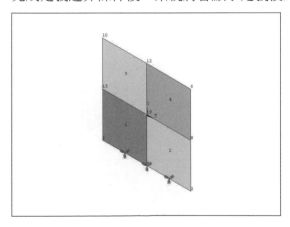

2. 頂端中央節點負載

執行主功能表 Solution ＞ Define Loads ＞ Apply ＞ Structural ＞ Force/Moment ＞ On Nodes，點選頂端中央節點 12，如左下圖所示；按下對話框中 OK，如右下圖所示。

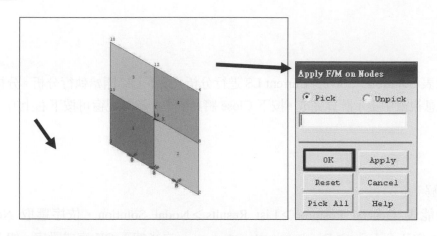

選擇施力方向為 FZ，輸入集中力數值為 100(N)，按 OK 完成設定。

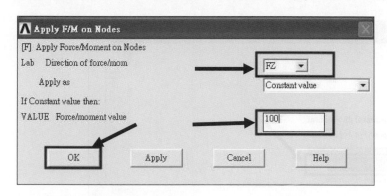

將警告視窗按下 Close 關閉。

完成施加集中力後，系統將會顯示施加後的圖形，如下圖所示。

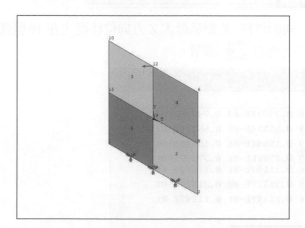

六、分析

執行分析：

執行主功能表 Solution＞Solve＞Current LS 進行分析，按下 OK 開始執行分析。分析完畢後，在訊息視窗中提示計算完成，按下 Close 將其關閉，統計視窗可按下右上方 將其關閉。

七、結果

1.　表列節點解

執行主功能表 General Postproc＞List Results＞Nodal Solution，依序選取 Nodal Solution ＞DOF Solution＞Displacement vector sum，之後按下 OK 完成設定，如下圖所示。

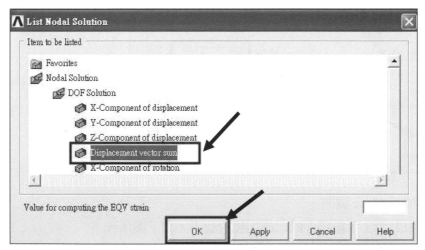

系統將表列出各節點的 X Y Z 方向的位移，並顯示最大 Z 方向位移發生在 10 號節點，如下圖所示，之後可按下視窗右上角的 關閉。

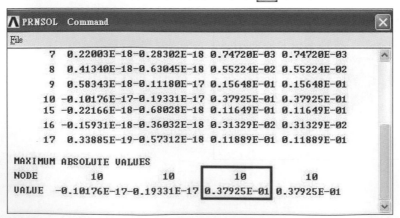

2. 顯示節點變形圖

執行主功能表 General Postproc＞Plot Results＞Contour Plot＞Nodal Solution，依序選取 Nodal Solution＞DOF Solution>Displacement vector sum。

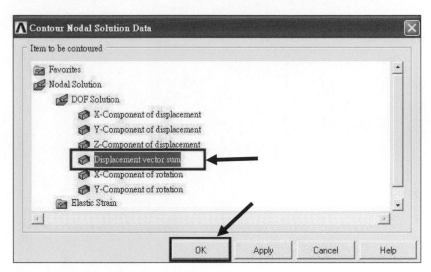

此時系統將顯示各節點之變形圖，如下圖所示。

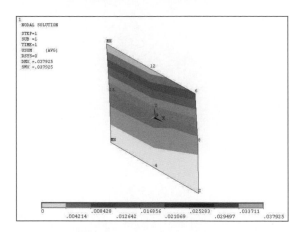

第五章

自然振動分析

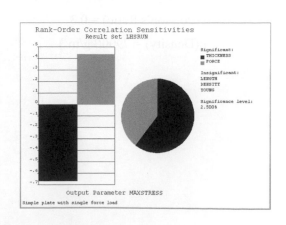

範例 1　樑之自然振動分析

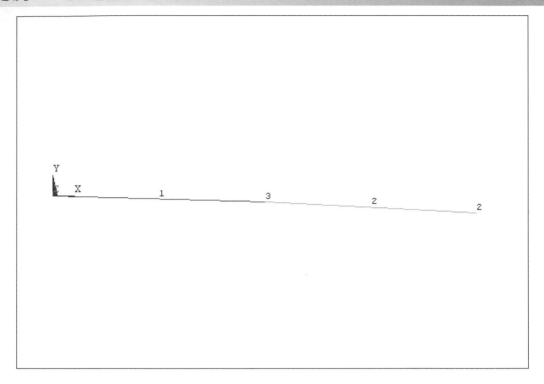

問題：一方形截面之鋼樑長度為 10 m 截面每邊長為 5 cm，在左端夾持固定試分析其自然振動之頻率及振動模型。

條件：L = 10(m)

b = h = 5×10^{-2}(m)

I = $(bh^3)/12 = 5 \times 10^{-2} \times (5 \times 10^{-2})^3/12 = 5.2 \times 10^{-7}(m^4)$

E(Young's Modulus) = $3.0 \times 10^{11}(N/m^2)$

v(Poisson's Ratio) = 0.3

ρ(Density) = 7900(kg/m³)

一、定義元素種類及材料性質

1. 新增元素型式

    依序點選主功能表上的 Preprocessor＞Element Type＞Add/Edit/Delete，接著在對話框
    中按下 Add 新增元素型式。

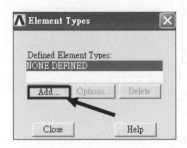

先選取元素為 Beam 接著選擇 2D elastic 3 完成後按下 OK，再按下 Close 關閉對話框。

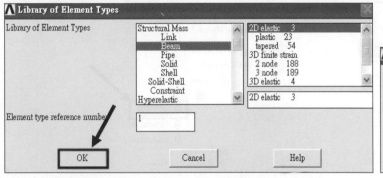

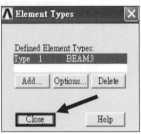

2. 定義實體常數

    依序點選主功能表上的 Preprocessor＞Real Constants＞Add/Edit/Delete，再按下 Add
    新增實體常數然後按下 OK。

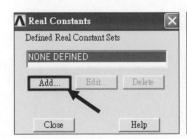

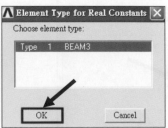

AREA 輸入 25e-4、IZZ 輸入 5.2e-7、HEIGHT 輸入 5e-2 按下 OK，再按下 Close 關閉對話框。

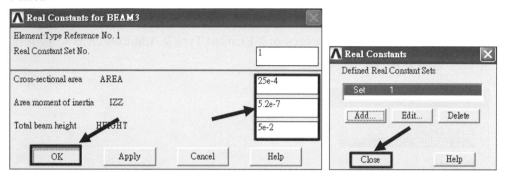

3. 設定材料性質

依序點選主功能表上的 Preprocessor＞Material Props＞Material Models，於材料性質設定對話框右側依序點選 Structural＞Linear＞Elastic＞Isotropic。

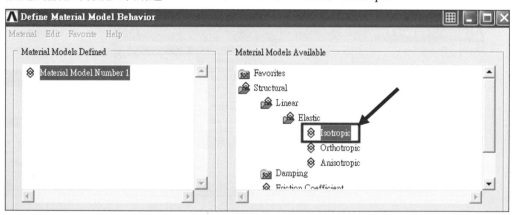

完成點選後，接著在對話框中 EX(Young's Modulus)輸入 3e11、PRXY(Poisson's Ratio)輸入 0.3 完成後按下 OK，再按下 ☒ 離開材料性質設定對話框。

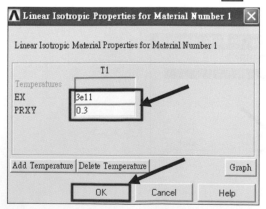

再於材料性質設定對話框右側依序點選 Structural＞Density。

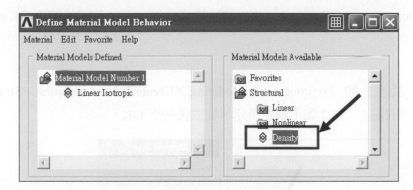

接著在對話框中 DENS 輸入 7900 完成後按下 OK，再按下 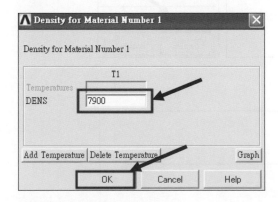 離開材料性質設定對話框。

二、建構幾何模型與求解

1. 建立點

   依序點選主功能表上的 Preprocessor＞Modeling＞Create＞Keypoints＞In Active CS 建立節點於目前座標系統。在 Keypoint number 處輸入 1，接著依序輸入第一點(X,Y,Z) 的座標值為(0,0,0)，完成後按下 Apply 繼續建立第二點。

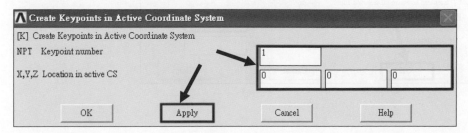

第二點：Keypoint number 輸入 2、(X,Y,Z)的座標值為(10,0,0)，完成後按下 OK 即完成兩個點的建立。

2. 建立線段

依序點選主功能表上的 Preprocessor＞Modeling＞Create＞Lines＞Lines＞Straight Line，再依序選取點 1、點 2 如下圖左所示，完成後按下 OK。

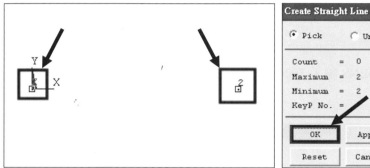
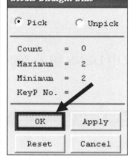

完成圖如下所示。

3. 網格設定

依序點選主功能表上的 Preprocessor＞Meshing＞Size Cntrls＞ManualSize＞Lines＞All Lines，SIZE 輸入 5(指定每一個元素的長度均為 5m)，按下 OK 完成設定。

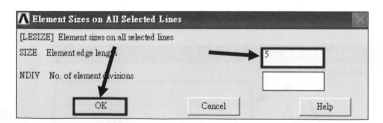

依序點選主功能表上的 Preprocessor＞Meshing＞Mesh＞Lines，再選取線段如下圖左所示，完成後按下 OK。

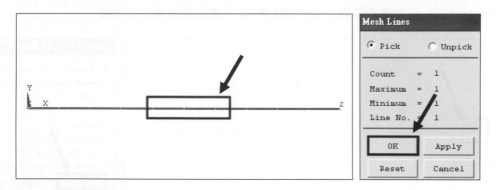

4. 顯示節點與元素編號

點選下拉式功能表中的 PlotCtrls＞Numbering，於對話框中將 Node numbers 勾選起來，並選擇 Element numbers 顯示元素編號，完成後按下 OK。

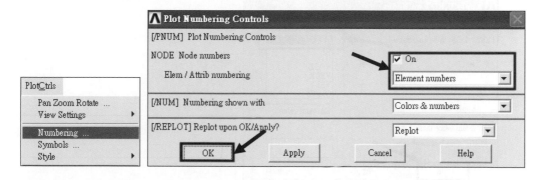

結果如下圖所示(如未繪出則再依序點選下拉式功能表中的 Plot＞Elements 即可)。

5. 夾持設定

依序點選主功能表上的 Solution＞Define Loads＞Apply＞Structural＞Displacement＞On Nodes，接著選取節點 1 如下圖左所示，選取完成後按下 OK。

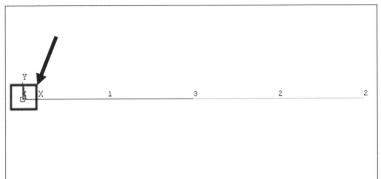 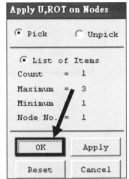

DOFs to be constrained 選擇 All DOF，點選完成後按下 OK，完成後如右下圖所示。

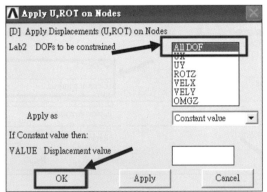 

6. 設定自然振動分析

依序點選主功能表上的 Solution＞Analysis Type＞New Analysis(由於預設之分析型式為靜力分析，因此進行自然振動分析前必須設定分析型式)，將 Type of analysis 設為 Modal，再依序點選主功能表上的 Solution＞Analysis Type＞Analysis Options(定義振動頻率數值及輸出振動模型個數)，Mode extraction method 設為 Reduced、No. of modes to extract 設為 3 完成後按下 OK。

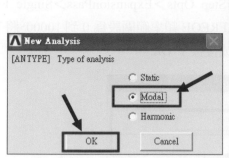

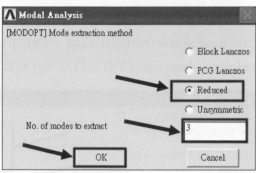

FREQB,FREQE 頻率範圍設為 0、10000 而 PRMODE 列印的振動模型個數設為 3 完成後按下 OK。

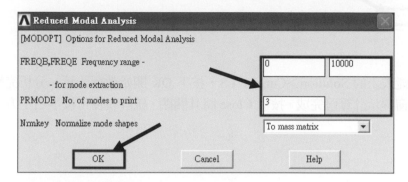

依序點選主功能表上的 Solution＞Master DOFs＞Program Selected，NTOT 設為 6 完成後按下 OK。

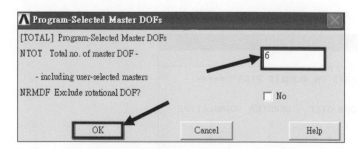

依序點選主功能表上的 Solution＞Current LS，按下 OK 開始執行分析。分析完畢後會彈出訊息視窗提示計算已完成，按下 Close 將其關閉，統計視窗可按下右上方 ⊠ 將其關閉。

在依序點選主功能表上的 Solution＞Load Step Opts＞ExpansionPass＞Single Expand
＞Expand Modes，NMODE 設為 3、FREQB,FREQE 頻率範圍設為 0 到 10000、將 Elcalc
Calculate elem results？打勾設為 Yes，完成後按下 OK。

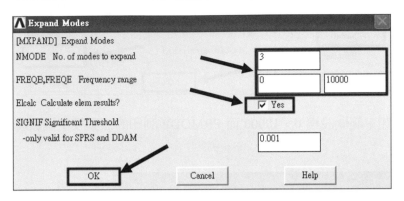

7. 求解

依序點選主功能表上的 Solution＞Current LS，按下 OK 開始執行分析。分析完畢後
會彈出訊息視窗提示計算已完成，按下 Close 將其關閉，統計視窗可按下右上方的 ☒
將其關閉。

三、結果

1. 結果摘要

依序點選主功能表上的 General Postproc＞Results Summary，按下右上方的 ☒ 將視
窗關閉。

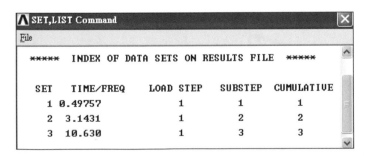

2. 動態顯示第一組結果

依序點選主功能表上的 General Postproc＞Read Results＞First Set，再依序點選下拉式
功能表中的 PoltCtrls＞Animate＞Mode Shape(產生動態的振動模型)，接著在對話框
中點選 OK 完成設定。

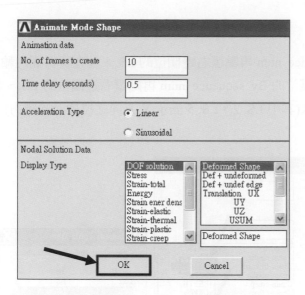

完成後如下圖左所示。若欲關閉動態顯示，可按下對話框中 Close 鈕。

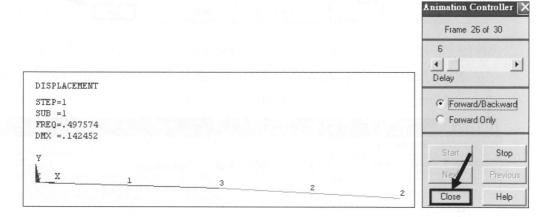

3. 振動模型之應力分佈

依序點選主功能表上的 General PostProc＞Element table＞Define Table，按下 Add 新增。

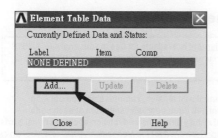

依序點選左邊欄位的 By sequence num 再點選右邊欄位的 LS,，並在資料欄內輸入 2 按下 Apply，再依序點選左邊欄位的 By sequence num 再點選右邊欄位的 LS,，並在資料欄內輸入 5 完成後按下 OK(其中 LS, 2、LS, 5 表示 Y 方向之拉伸元素應力)。按下 Close 關閉對話框。

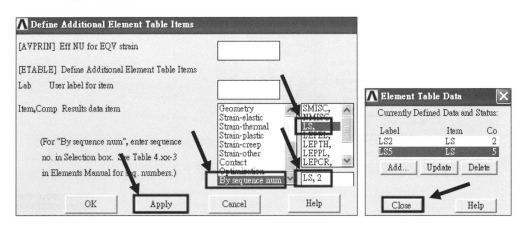

為什麼上一步要這樣設定呢？您可以點選 ANSYS 工具列上方的 [?] (Help)，然後在左邊的目錄樹依序點選 Mechanical APDL(formerly ANSYS)＞Element Reference＞I. Element Library＞BEAM3，即可看到 BEAM3 的詳細說明。

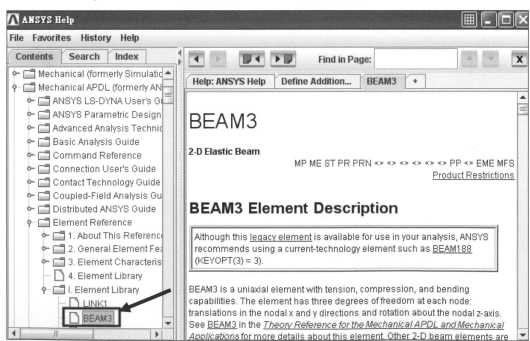

依序點選主功能表上的 General PostProc＞Element table＞List Elem Table，點選 LS2
和 LS5 後按下 OK，即可看到輸出之結果；按下右上方的 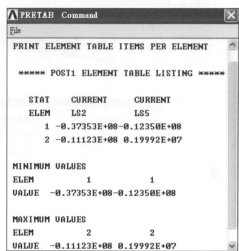 將其視窗關閉。

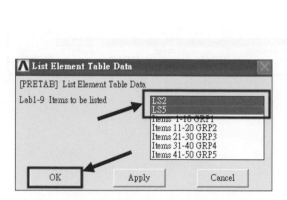

最後我們可以依序按下主功能表上的 General Postproc＞Plot Results＞Contour Plot＞
Line Elem Res。將 LabI 設為 LS2 而 LabJ 設為 LS5 完成後按下 OK。

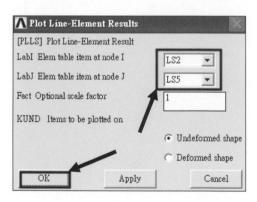

結果如下圖所示。

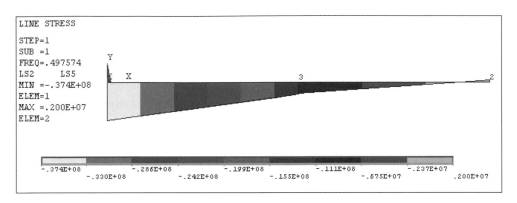

範例 2　板之自然振動分析

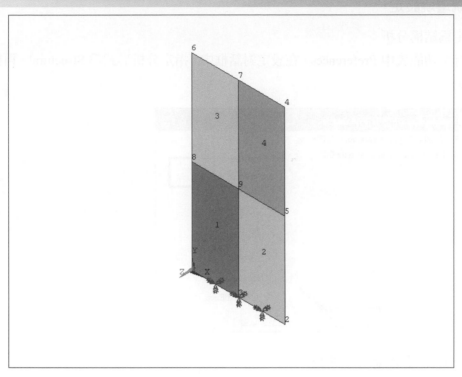

問題：一長方形板，在底端夾持固定，試分析自然振動之頻率及振動模型。

條件：$L_X = 10(m)$

$L_Y = 20(m)$

$L_Z = 1(m)$

$E(\text{Young's Modulus}) = 3.0 \times 10^{11}(N/m^2)$

$v(\text{Poisson's Ratio}) = 0.3$

$DENS = 7900(kg/m^2)$

一、系統環境設定

指定為結構分析：

執行主功能表中 Preferences，在設定對話框中，指定分析形式為 Structural，再按下 OK 確定。

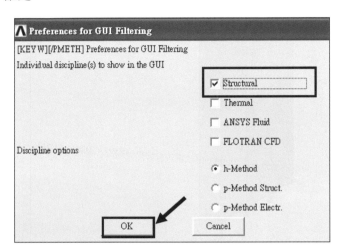

二、定義元素種類及材料性質

1. 新增元素型式

   依序點選主功能表上的 Preprocessor＞Element Type＞Add/Edit/Delete，接著在對話框中按下 Add 新增元素型式。先選取元素為 Shell 接著選擇 Elastic 4node 63，按下 OK 完成元素型式選擇；按下 Close 關閉對話框。

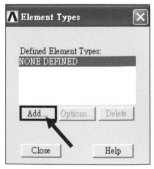
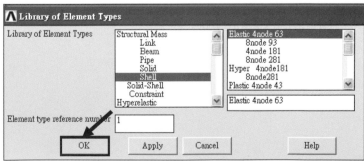

2. 定義實體常數

依序點選主功能表上的 Preprocessor＞Real Constants＞Add/Edit/Delete，按下 Add 新增實體常數然後按下 OK。

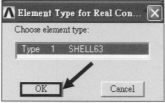

將板厚設定為 1，按下 OK；按下 Close 關閉對話框。

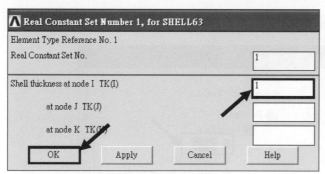

3. 設定材料性質

依序點選主功能表上的 Preprocessor＞Material Props＞Material Models，於材料性質設定對話框右側依序點選 Favorites＞Linear Static＞Linear Isotropic。

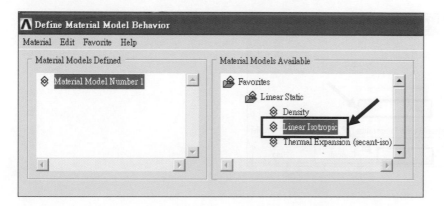

接著在對話框中 EX(Young's Modulus)輸入 3e11、PRXY(Poisson's Ratio)輸入 0.3，輸入完成後按下 OK；再按下 ✕ 離開材料性質設定對話框。

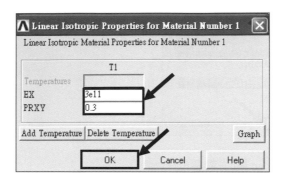

材料性質設定對話框右側依序點選 Favorites＞Linear Static＞Density。

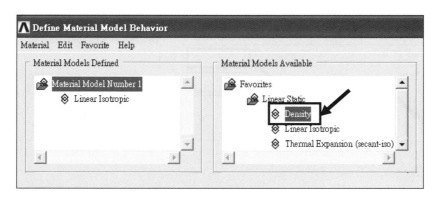

完成點選指令後，接著在對話框中 DENS 密度輸入 7900，再按下 OK 完成設定。

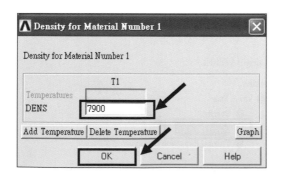

三、建構幾何模型與求解

1. 繪製幾何圖形

   依序點選主功能表上的 Preprocessor＞Modeling＞Create＞Areas＞Rectangle＞By 2 Corners。接著輸入原點座標 WP X=0，WP Y=0，寬度 Width=10，Height=20，再按 下 OK 確定。完成繪出矩形，如下圖右所示。

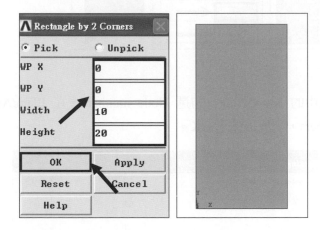

2. 定義分割網格

   依序點選主功能表上的 Preprocessor＞Meshing＞Size Cntrls＞ManualSize＞Global＞ Size，將 NDIV No. of element divisions-設定為 2，完成後按下 OK。

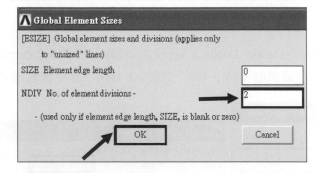

3. 進行分隔與等角視圖顯示

   依序點選主功能表上的 Preprocessor＞Meshing＞Mesh＞Areas＞Free，點選 Pick All， 執行 PlotCtrls 下拉式功能表中 Pan, Zoom, Rotate，按下 Iso，再按 Fit，再按下 Close 離開。

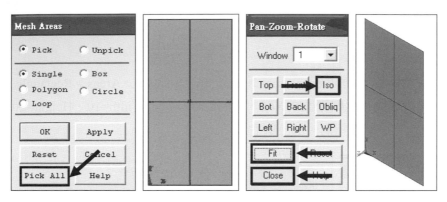

4. 顯示節點及元素編號

點選 PlotCtrls 下拉式功能表中的 Numbering，勾選 Node numbers，在 Elem/Attrib numbering 選擇 Element numbers，完成後按下 OK。

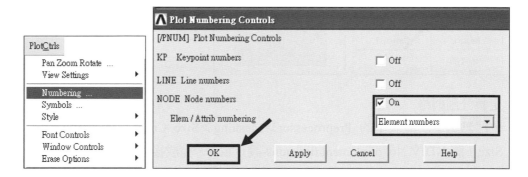

5. 夾持設定

依序點選主功能表上的 Solution＞Define Loads＞Apply＞Structural＞Displacement＞On Lines，點選板材下底之線，完成選取後按下 OK；選取 All DOF，完成後點選 OK。

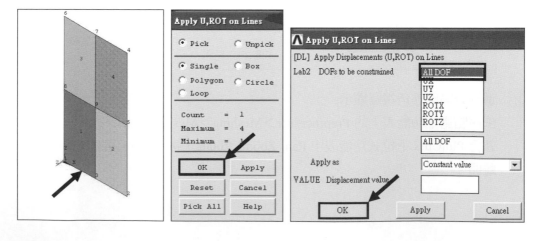

6. 決定自然振動分析型式

執行主功能表 Solution＞Analysis Type＞New Analysis，接著點選 Modal，按下 OK 完成。

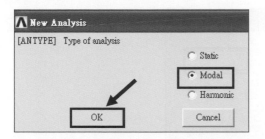

7. 定義振動頻率數值及輸出振動模型個數

執行主功能表 Solution＞Analysis Type＞Analysis Options，第一欄選擇 Reduced，在 NO.of modes to extract 輸入 10，按 OK 繼續設定。

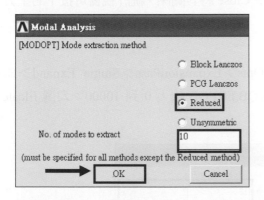

在 FREQB,FREQE 輸入 0 到 10000，在 PRMODE 輸入 10，再按 OK 完成設定。

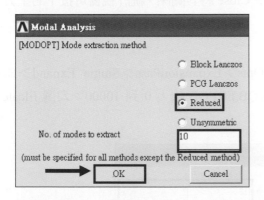

8. 定義主自由度

執行主功能表 Solution＞Master DOFs＞Program Selected。在 NTOT Total no. of master DOF-輸入 18，按 OK 完成設定。

```
┌────────────────────────────────────────────────┐
│ Λ Program-Selected Master DOFs                   │
│ [TOTAL] Program-Selected Master DOFs             │
│ NTOT  Total no. of master DOF -         │ 18  │   │
│   - including user-selected masters              │
│ NRMDF Exclude rotational DOF?        □ No        │
│                                                  │
│  ───►  │ OK │      Cancel        Help            │
└────────────────────────────────────────────────┘
```

9. 求解

依序點選主功能表上的 Solution＞Current LS，按下 OK 開始執行分析。分析完畢後會彈出訊息視窗提示計算已完成，按下 Close 將其關閉，統計視窗可按下右上方 ⊠ 將其關閉。

10. 振動模型分析設定

執行主功能表 Solution＞Load Step Opts＞ExpansionPass＞Single Expand＞Expand Modes，在 NMODE 輸入 10，在 FREQB,FREQE 輸入 0 到 10000；勾選 Elcalc，按 OK 完成設定。

```
┌────────────────────────────────────────────────┐
│ Λ Expand Modes                                   │
│ [MXPAND] Expand Modes                            │
│ NMODE  No. of modes to expand      │ 10 │        │
│ FREQB,FREQE  Frequency range   │ 0 │  │ 10000 │  │
│ Elcalc  Calculate elem results?    ☑ Yes         │
│  ───►  │ OK │      Cancel        Help            │
└────────────────────────────────────────────────┘
```

11. 求解

依序點選主功能表上的 Solution＞Current LS，按下 OK 開始執行分析。分析完畢後會彈出訊息視窗提示計算已完成，按下 Close 將其關閉，統計視窗可按下右上方 ⊠ 將其關閉。

三、結果

1. 結果摘要

執行主功能表 General Postproc＞Results Summary。

```
Λ SET,LIST Command
File
*****  INDEX OF DATA SETS ON RESULTS FILE  *****

SET    TIME/FREQ    LOAD STEP    SUBSTEP    CUMULATIVE
 1      2.5869          1           1           1
 2     11.210           1           2           2
 3     17.412           1           3           3
 4     22.338           1           4           4
 5     36.415           1           5           5
 6     54.784           1           6           6
 7     65.495           1           7           7
 8     75.724           1           8           8
 9     77.456           1           9           9
10     78.983           1          10          10
```

2. 讀取第一組結果

執行主功能表 General Postproc＞Read Results＞First Set。

3. 產生動態的振動模型

執行下拉式功能表中 PoltCtrls＞Animate＞Mode Shape。

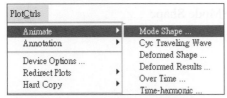

設定 Time Delay 設定為 0.3 秒，以及節點解的資料為 Deformed Shape，按下 OK 完成設定。系統會持續動態顯示板的第一個自然振動頻率模型，若欲關閉動態顯示，可按下對話框中 Close。

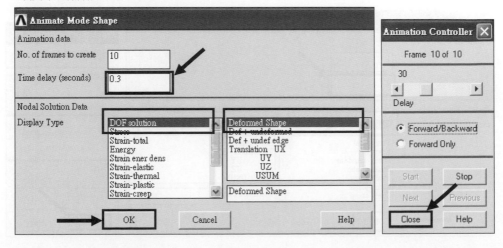

4. 讀取第 5 組自然振動頻率

執行主功能表 General Postproc＞Read Results＞By Set Number，在 Data set number 輸入 5，完成後按下 OK。

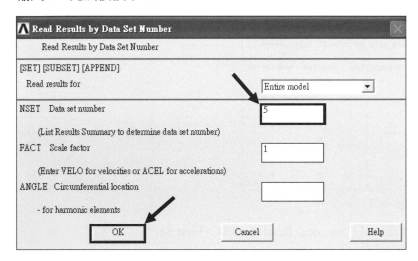

5. 產生動態的振動模型

執行下拉式功能表中 PoltCtrls＞Animate＞Mode Shape。

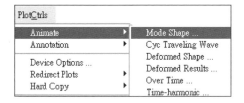

與之前設定相同，按下 OK 完成設定。

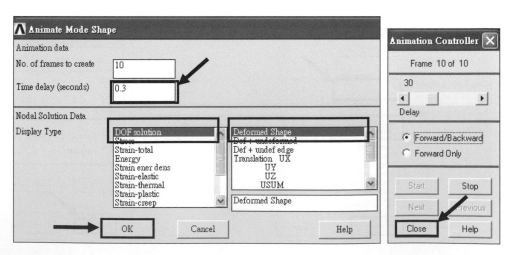

範例 3 機翼之自然振動分析

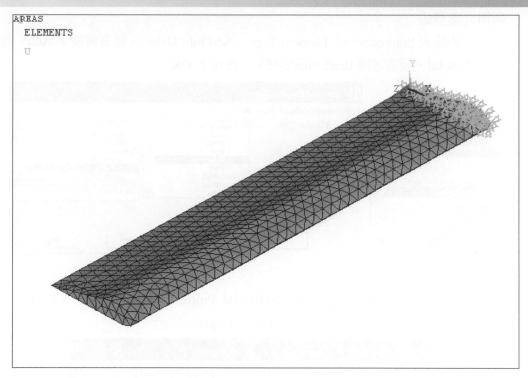

問題：一簡單造型的機翼，將右端固定後，試分析其自然振動之頻率與振動模型。

條件：E (Young's Modulus) = 36000(psi)

DENS = $8.3e^{-5}(lb \times sec^2/in^4)$

ν(Poisson's Ratio) = 0.3

一、定義元素及材料

1. 新增元素型式

   執行主功能表 Preprocessor＞Element Type＞Add/Edit/Delete，接著再按下 Add。選取元素為 Solid，接著選擇 Brick 8node 45，之後按下 OK。

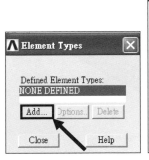
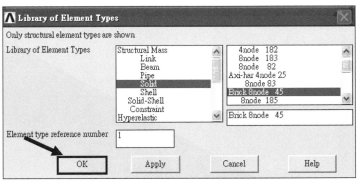

2. 設定材料性質

   依序點選主功能表上的 Preprocessor＞Material Props＞Material Models，於材料性質設定點選 Favorites＞Linear Static＞Linear Isotropic。

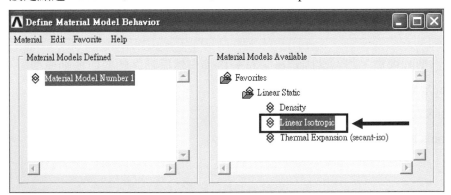

   接著在 EX(Young's Modulus)輸入 36000，PRXY(Poisson's Ratio)輸入 0.3，在輸入數值後，按下 OK 完成設定，再按下 ✕ 離開。

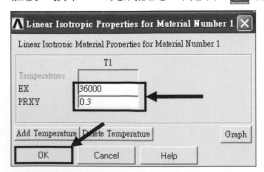

3. 設定材料密度

在材料性質設定右側點選兩下 Density，接著在 DENS 輸入 8.3e-5，按下 OK。

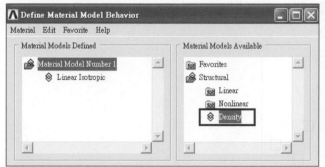
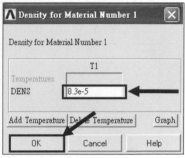

二、建構機翼幾何圖形

1. 建立點

執行主功能表 Preprocessor＞Modeling＞Create＞Keypoints＞In Active CS，接著在 Keypoint number 輸入 1，接著輸入第一點 XYZ 的座標值為 0,0,0，完成後按下 Apply 繼續建立第二點。

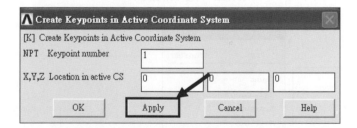

接著在 Keypoint number 輸入 2，接著輸入第二點 XYZ 的座標值為 2,0,0，完成後按下 Apply 繼續建立第三點。

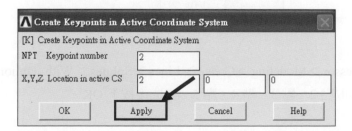

接著在 Keypoint number 輸入 3，接著輸入第三點 XYZ 的座標值為 2.3,0.2,0，完成後按下 Apply 繼續建立第四點。

接著在 Keypoint number 輸入 4，接著輸入第四點 XYZ 的座標值為 1.9,0.45,0，完成後按下 Apply 繼續建立第五點。

接著在 Keypoint number 輸入 5，接著輸入第五點 XYZ 的座標值為 1,0.25,0，完成後按下 OK，完成五點的建立。

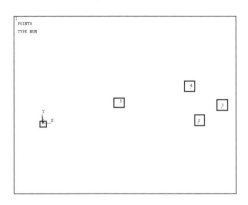

2. 繪製線段

執行主功能表 Preprocessor＞Modeling＞Create＞Lines＞Lines＞Straight Line，依序選取點 1、點 2、點 5、點 1，其中點 1 即為原點，選取後按下 OK。

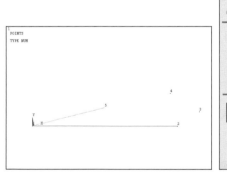
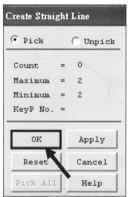

3. 繪製平滑曲線

執行主功能表 Preprocessor＞Modeling＞Create＞Lines＞Splines＞With Options＞Spline thru KPs，依序選取點 2、點 3、點 4、點 5，完成後按下 OK。

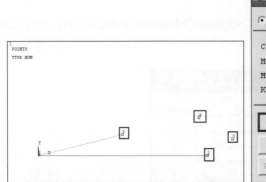

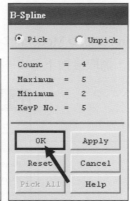

之後依序輸入起點的切線方向−1,0,0 與終點的切線方向−1,−0.25,0，完成後點選 OK。

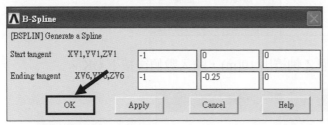

4. 建構機翼斷面

執行下拉式功能表 Preprocessor＞Modeling＞Create＞Areas＞Arbitrary＞By Lines，依序選取線段與平滑曲線，之後按下 OK。

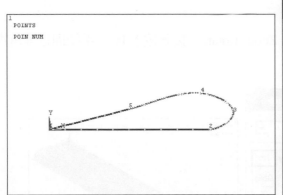

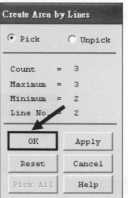

5. 建立機翼特徵

執行主功能表 Preprocessor＞Modeling＞Operate＞Extrude＞Areas＞By XYZ Offset，
選取與擠伸的斷面，選取後按下 OK。

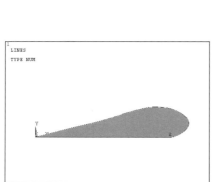

接著輸入 0,0,10，使斷面沿 Z 軸擠出 10(m)，輸入數值後按下 OK。

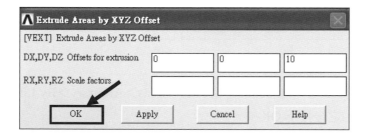

6. 完成機翼特徵

執行下拉式功能表 PlotCtrls＞Pan Zoom Rotate，接著按下 Iso。系統即以等角視景顯
示機翼特徵。

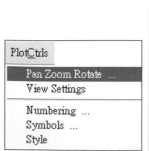

五、分格

1. 定義線段的元素尺寸

   執行主功能表 Preprocessor＞Meshing＞Mesh Tool，在 Size Controls 底下的 Global 按下 Set。之後在 Global Element Sizes 中，在 Element edge lengh 輸入 0.25，然後按下 OK。

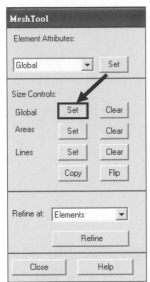

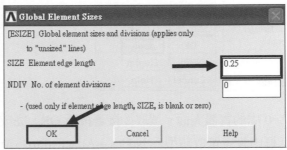

2. 進行分格

   執行網格工具 Mesh，接著按下 Pick All。系統將自動進行分格，在分格的過程中，系統會顯示警告對話框，系統會建議使用者元素類型改用成 10 個節點的元素，此時只需按下 Close，關閉此警告，系統繼續進行分格的動作。

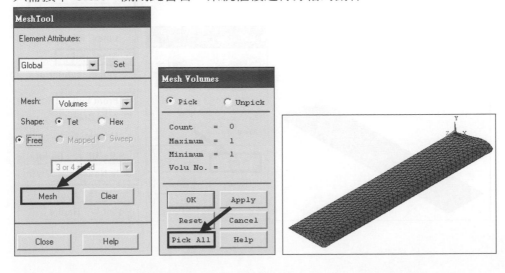

六、施加負載

1. 選擇面圖素

執行下拉式功能表中 Select＞Entities。接著設定選取類型為 Areas→By Num/Pick→
Form Full，之後按下 Apply。

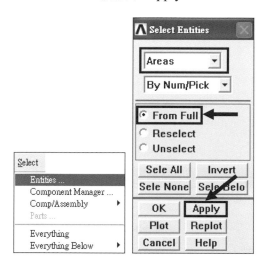

選取在 Z=0 處的實體表面。選取後接著按下 OK。完成選取實體表面後，接著在選擇
圖素對話框中設定選取類型為 Nodes→Attached to→Areas, all→Form Full，之後按下
OK。

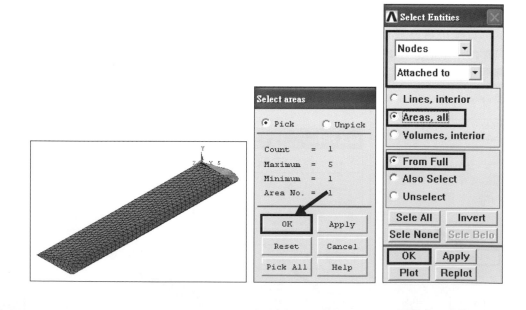

2. 選擇節點圖素

執行下拉式功能表 Plot＞Nodes，系統會顯示在 Z=0 處實體表面上之節點。

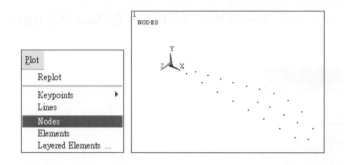

3. 夾持設定

執行主功能表 Solution＞Define Loads＞Apply＞Structural＞Displacement＞On Nodes，接著按下 Pick All，之後選取 All DOF 點選 OK。

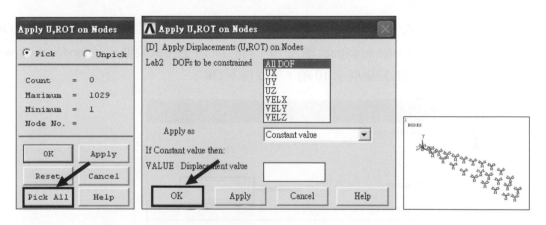

4. 選擇顯示所有圖素

執行下拉式功能表中 Select＞Everything，接著再執行下拉式功能表 Plot＞Elements。

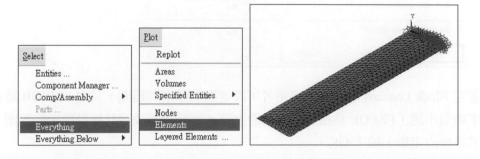

七、分析

1. 選擇分析形式

   執行主功能表 Solution＞Analysis Type＞New Analysis，在 New Analysis，選取 Modal，按下 OK。

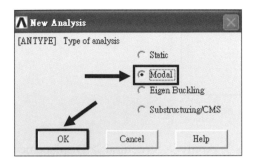

2. 設定分析選項

   執行主功能表 Solution＞Analysis Options，在 Modal Analysis 中，點選 Block Lanczos，在 modes to extract 輸入 10，將計算 10 個振動模型，在 modes to expand 輸入 10，將計算的結果展示 10 項，完成按下 OK。

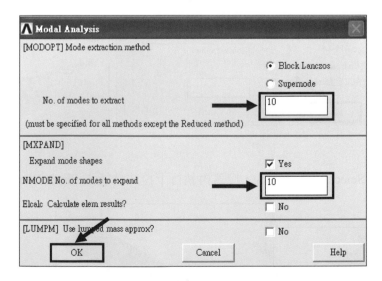

接著在 Block Lanczos Method，使用者可設定振動頻率的範圍，其中 FRWQB 為振動頻率的最小值，FREQE 為振動頻率的最大值，此範例不設定其振動頻率的範圍，接受其系統內定值，按下 OK。

Block Lanczos Method

[MODOPT] Options for Block Lanczos Modal Analysis

FREQB Start Freq (initial shift) [0]

FREQE End Frequency [0]

Nrmkey Normalize mode shapes [To mass matrix ▼]

[OK]   [Cancel]   [Help]

3. 分析

依序點選主功能表上的 Solution＞Current LS，按下 OK 鈕開始執行分析。此時系統會出現一警告視窗，提醒使用者檢查先前元素類型，若是不變更元素，按下(Yes)；分析完畢後會彈出訊息視窗提示計算已完成，按下 Close 將其關閉，統計視窗可按下右上方 ☒ 將其關閉。

八、結果

表列結果：

執行主功能表 General Postproc＞Results Summary，將列示先前所設定的 10 組自然振動頻率，欲關閉可按下 Close。

SET,LIST Command

File

```
*****   INDEX OF DATA SETS ON RESULTS FILE   *****
SET    TIME/FREQ    LOAD STEP    SUBSTEP    CUMULATIVE
  1   17.877          1            1            1
  2   59.979          1            2            2
  3   112.90          1            3            3
  4   181.40          1            4            4
  5   312.43          1            5            5
  6   332.27          1            6            6
  7   522.96          1            7            7
  8   553.21          1            8            8
  9   604.89          1            9            9
 10   809.28          1           10           10
```

九、產生動態的機翼振動模型

1. 讀取第一組自然振動頻率

執行主功能表 General Postproc＞Read Resluts＞First Set。

2. 產生動態的振動模型

執行下拉式功能表中 PoltCtrls＞Animate＞Mode Shape，在 Animate Mode Shape，設定 Time Delay 時間延遲為 0.5 秒，以及節點解的資料為 Deformed shape 變形圖，按下 OK 完成設定。

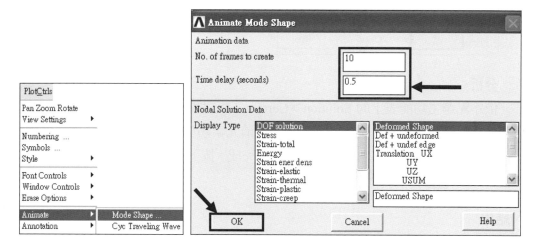

完成動態圖示模態設定後，系統會持續動態顯示機翼的第一個自然振動頻率模型。若欲關閉動態顯示，可按下 Close。

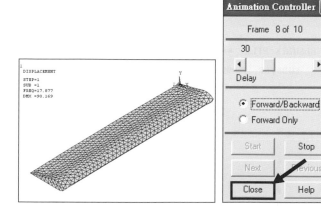

3. 讀取第八組自然振動頻率

執行主功能表 General Postproc＞Read Resluts＞By Set Number，接著在 Data set number 輸入 5，表示讀取第五組自然振動頻率，完成後按下 OK。

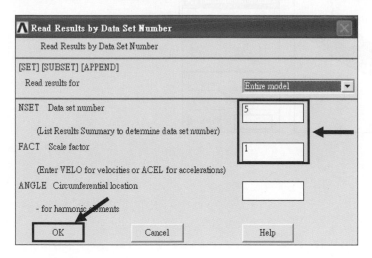

4. 產生動態的振動模型

執行下拉式功能表中 PoltCtrls＞Animate＞Mode Shape，在 Animate Mode Shape，設定 Time Delay 時間延遲為 0.5 秒，以及節點解的資料為 Deformed shape 變形圖，按下 OK 完成設定。

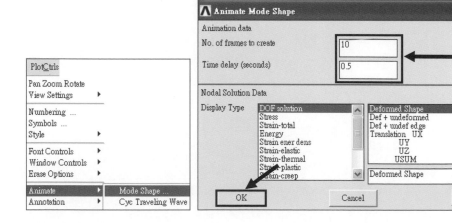

完成動態圖示模態設定後，系統會持續動態顯示機翼的第五個自然振動頻率模型。
若欲關閉動態顯示，可按下 Close。

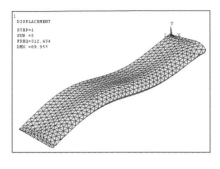

第六章

挫屈分析

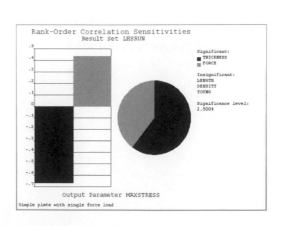

範例 1　樑之挫屈分析

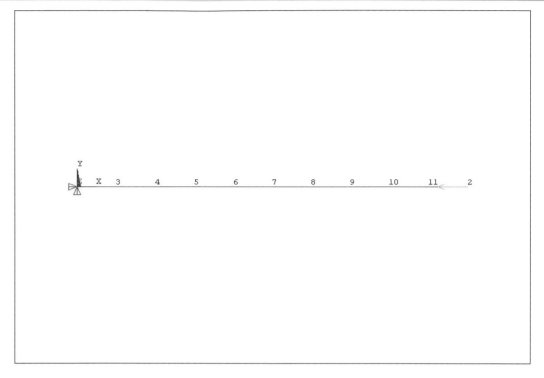

問題：一方形截面之鋼樑長度為 10 m，截面每邊長為 5 cm，在左端夾持固定後在右端施以一個 X 軸方向集中力 F_X，試分析其挫屈模型。

條件：$L = 10(m)$

$b = h = 5 \times 10^{-2}(m)$

$F_X = -1(N)$

$I = 1/12(bh^3) = 5 \times 10^{-2} \times (5 \times 10^{-2})^3/12 = 5.2 \times 10^{-7}(m^4)$

E_X (Young's Modulus) $= 3.0 \times 10^{11}(N/m^2)$

v(Poisson's Ratio) $= 0.3$

一、元素、實體常數及材料定義

1. 新增元素型式

   執行主功能表 Preprocessor＞Element Type＞Add/Edit/Delete，在對話框中按下 Add 新增元素型式，如下圖所示。

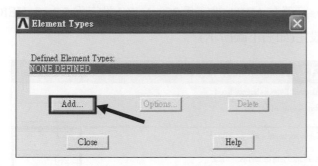

2. 定義樑元素形式

   先選取 Beam 之樑元素後，再選取 2D elastic 3，按下 OK 確定。

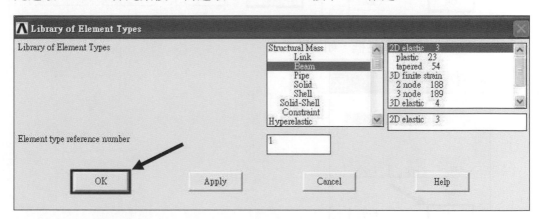

3. 關閉元素形式的對話框

   按下對話框中 Close 關閉對話框，如下圖所示。

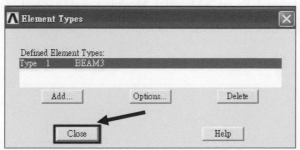 

4. 新增實體常數

執行主功能表中 Preprocessor＞Real Constants＞Add/Edit/Delete，在實體常數對話框中，按下 Add 新增實體常數如，右上圖所示。

5. 輸入實體常數

在左方對話框中是對應前一指令所定義的元素型式，即編號為 1 號之 BEAM 3 元素，按下 OK 繼續(如左下圖所示)。接著在 AREA 設定為 25e-4、IZZ 設定為 5.2e-7、HEIGHT 設定為 5e-2，按下 OK 完成設定(如右下圖所示)。

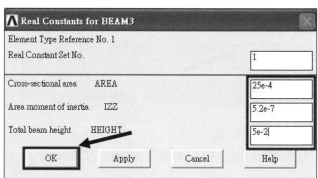

按下 Close 關閉對話框，如下圖所示。

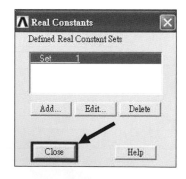

6. 定義材料性質

執行主功能表 Preprocessor＞Material Props＞Material Models，在材料性質設定對話框右側依序點選兩次 Structural＞Linear＞Elastic＞Isotropic，如下圖所示。

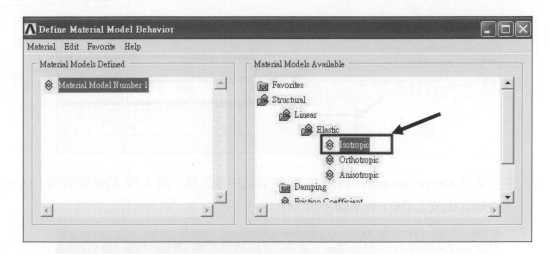

EX(Young's Modulus)輸入 3e11，PRXY(Poisson's Ratio)輸入 0.3，在設定數值後，按下 OK 完成設定，如下圖所示。

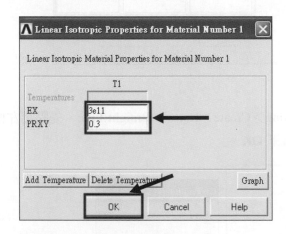

7. 關閉材料性質設定對話框

完成材料性質的設定後，可於對話框右上方按下 ![X]，離開材料性質設定。

二、繪製幾何圖形

1. 建立點

執行主功能表 Preprocessor＞Modeling＞Create＞Keypoints＞In Active CS，接著在 Keypoint number 設定為 1，接著依序設定第一點 XYZ 的座標值為 0,0,0，完成設定後按下 Apply 繼續建立第二點，如下圖所示。

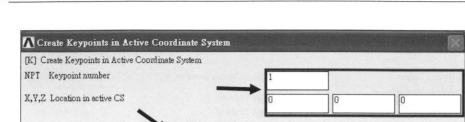

接著在 Keypoint number 設定為 2,接著依序輸入第二點 XYZ 的座標值為 10,0,0,完成設定後按下 OK,如下圖所示。

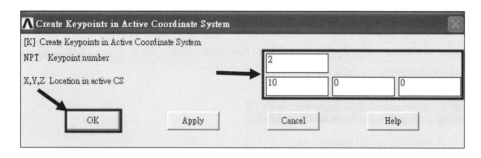

2.　以兩端點為基準繪出直線

執行主功能表 Preprocessor＞Modeling＞Create＞Lines＞Straight Line。先點選左側點 1,再點選右側點 2,在對話框中按下 OK。

三、分格

1. 定義元素長度

   執行主功能表 Preprocessor＞Meshing＞Size Cntrls＞ManualSize＞Global＞Size，接著在 No. of element divisions 輸入 1，按下 OK 完成設定，如下圖所示。

   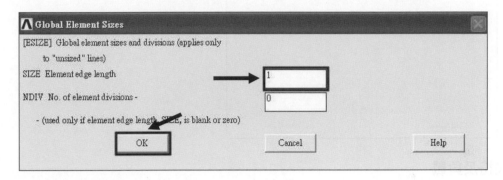

2. 進行分格

   執行主功能表 Preprocessor＞Meshing＞Mesh＞Lines，在對話框中按下 Pick All 選擇全部(如下圖所示)。

3. 顯示節點編號

   執行下拉式功能表 PlotCtrls＞Numbering(如左下圖所示)，接著勾選 Node numbers，再按下 OK 完成設定(如右下圖所示)。

   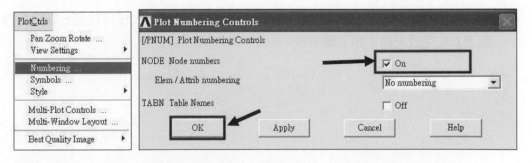

顯示節點編號如下圖所示。

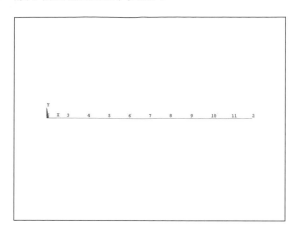

四、夾持及負載

1. 夾持節點

執行主功能表 Solution > Define Loads > Apply > Displacement > Structural > On Nodes。點選樑左側編號 1 號的節點(如左下圖所示)；在對話框中按下 OK 繼續(如右下圖所示)。

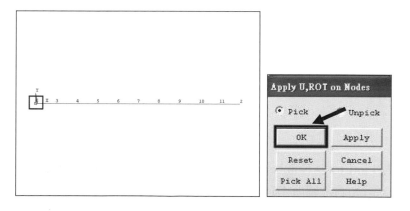

選取 All DOF 所有自由度，在 Displacement value 若不輸入任何數值，則內定為零，點選 OK 完成夾持，如下圖所示。

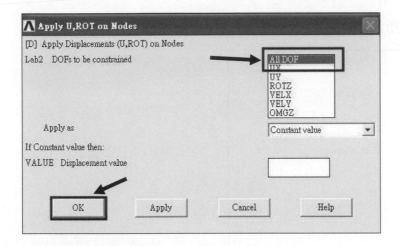

2. 定義右邊節點集中力

執行主功能表 Solution＞Define Loads＞Apply＞Force/Moment＞On Nodes，接著點選
樑右側之節點 2，如下圖所示；在對話框中按下 OK 確定。

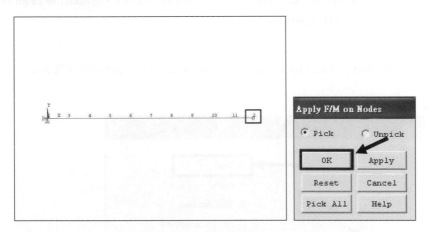

集中力的方向為 FX，設定集中力數值為−1，按下 OK 完成。

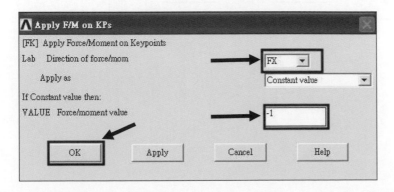

施加負載如下圖所示。

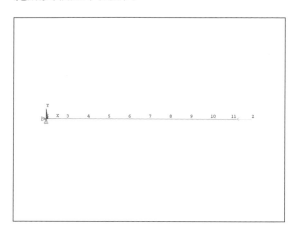

五、靜力、挫屈之特徵值及特徵向量分析

挫屈分析分為三個部分：首先設定預存應力，並執行靜力分析；然後計算挫屈之特徵值；最後計算其特徵向量，展開挫屈模型。

1. 靜力分析設定

   執行主功能表 Solution＞Analysis Type＞New Analysis，在對話框中點選 Static 在按下 OK 確定。

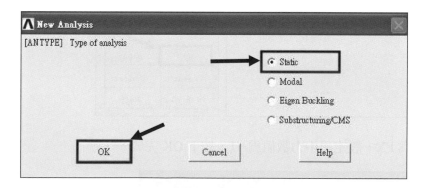

接著再執行 Solution＞Unabridged Menu 設定完整的功能表，再次執行 Solution＞Analysis Type＞Analysis Option，在 Stress stiffness or prestress 設定為 Prestress ON，再按下 OK 完成設定，如下圖所示。

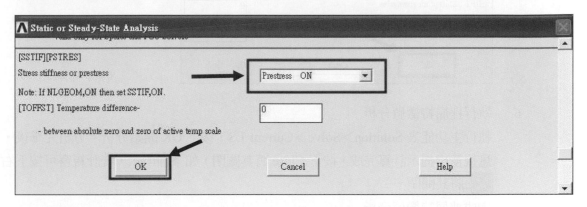

2. 執行靜力分析

   執行主功能表 Solution＞Solve＞Current LS，按下 OK 開始分析。分析完畢後，在訊息視窗中提示計算完成，按下 Close 將其關閉，如下圖所示，統計視窗可按下右上方 ☒ 將其關閉。

3. 完成靜力分析

   完成靜力分析後，執行主功能表 Finish。

4. 挫屈分析型式定義

   執行主功能表 Solution＞Analysis Type＞New Analysis，接著點選 Eigen Buckling 挫屈分析，再按下 OK 完成設定，如下圖所示。

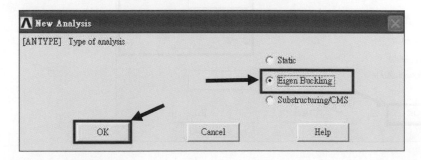

5. 挫屈分析選項設定

   執行主功能表 Solution＞Analysis Type＞Analysis Options，在 NMODE 設定為 10，接著按下 OK 完成設定，如下圖所示。

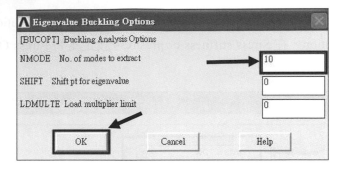

6. 執行挫屈特徵值分析

   執行主功能表 Solution＞Solve＞Current LS，按下 OK 開始分析。分析完畢後，在訊息視窗中提示計算完成，按下 Close 將其關閉，如下圖所示，統計視窗可按下右上方 ⊠ 將其關閉。

7. 完成挫屈特徵值分析

   完成挫屈特徵值分析後，接下來將進入挫屈特徵向量分析，在挫屈特徵向量分析之前，執行主功能表 Finish 完成指令。

8. 挫屈特徵向量分析設定

   執行主功能表 Solution＞Load Step Opts＞ExpansionPass＞Expand Modes。第一欄指定計算 10 個振動模型。第二欄設定頻率範圍在 0 到 1e6 之間。第三欄將其核取欄勾選，按 OK 完成設定，如下圖所示。

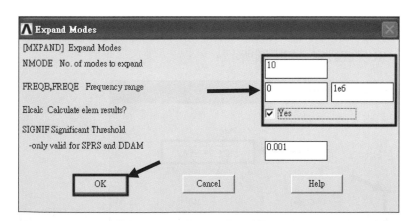

9. 執行挫屈特徵向量分析

   執行主功能表 Solution＞Current LS，按下 OK 開始分析。分析完畢後，在訊息視窗中提示計算完成，按下 Close 將其關閉，如下圖所示，統計視窗可按下右上方 ⊠ 將其關閉。

六、結果

1. 列表結果

執行主功能表 General Postproc＞Results Summary，結果顯示臨界負載在 0～1000000 之下的挫屈模型有 8 個，最小挫屈負載為 3849.1，欲關閉可按右上方 ⊠ 如下圖所示。

```
Λ SET,LIST Command                                          ⊠
File

    ***** INDEX OF DATA SETS ON RESULTS FILE *****

   SET    TIME/FREQ   LOAD STEP   SUBSTEP   CUMULATIVE
    1    3849.1           1          1          1
    2    34645.           1          2          2
    3    96278.           1          3          3
    4   0.18897E+06       1          4          4
    5   0.31335E+06       1          5          5
    6   0.47076E+06       1          6          6
    7   0.66350E+06       1          7          7
    8   0.89490E+06       1          8          8
```

2. 計算理論解

執行下拉式功能表 Parameters＞Scalar Parameters，如左下圖所示。接著輸入 PI = 3.14159，再按下 Accept 接受，如右下圖所示。

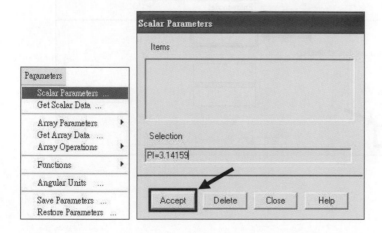

重複上個步驟，依序輸入 E=3e11、I=5.2e-7、L=10。因為懸臂樑最小挫屈負載為：Pcr = $\pi2$ EI /4 L2。再輸入 P=PI**2*E*I/(2*L)**2，完成計算最小挫屈負載之理論值 P=3849.13921，而前述分析結果為 3849.1，因此數值解符合理論值；再按下 Close 關閉對框，如下圖所示。

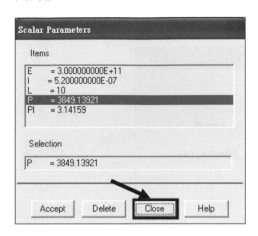

3. 讀取第四個結果

執行主功能表 General Postproc＞Read Results＞By Set Number，接著在對話框中，Data set number 欄位輸入 4，完成後按下 OK，如下圖所示。

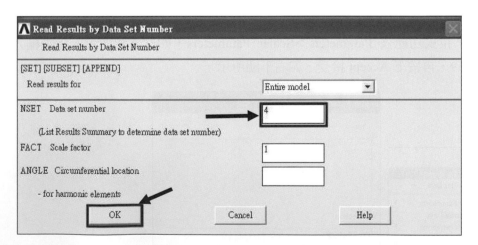

4. 產生動態的挫屈模型

執行下拉式功能表中 PoltCtrls＞Animate＞Mode Shape，如下圖所示。

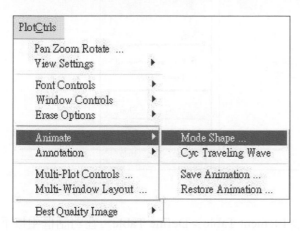

Time Delay 設定為 0.3 秒，以及節點解的資料為 Deformed shape 變形圖，按下 OK 完成設定，如下圖所示。

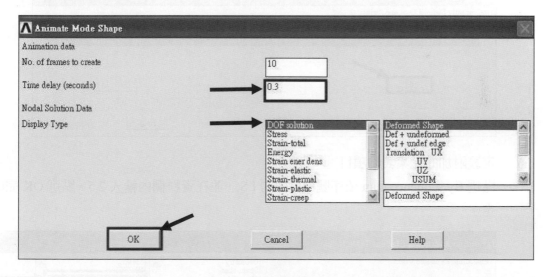

完成動態圖示模態設定後，系統會持續動態顯示樑的第四個挫屈模型，如左下圖所示；若欲關閉動態顯示，可按下對話框中 Close，如右下圖所示。

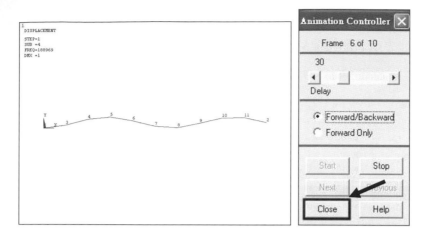

5. 定義元素表格

執行主功能表 General PostProc＞Element Table＞Define Table，在對話框中按下 Add 新增元素表格，如下圖所示。

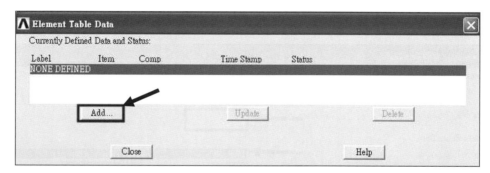

6. 定義附加的元素表格項目

點選 By sequence num 依序號項目中的 LS,，並在資料欄內輸入 2,5，點選 OK 完成設定。

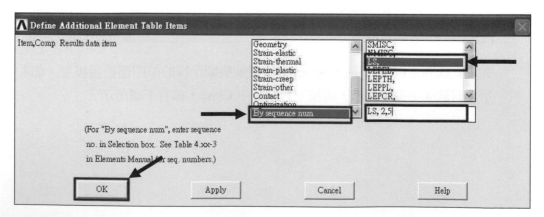

7. 關閉元素表格對話框

    按下對話框中 Close 關閉對話框，如下圖所示。

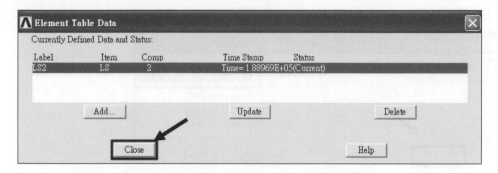

8. 圖示第四個挫屈模型之相對應力分佈

    執行主功能表 General PostProc＞Element table＞Polt Elem Table，第一欄指定前面所
    設定的 LS2 項目，第二欄選擇 No-do not avg 再按下 OK 完成應力分佈圖，如下圖所
    示。

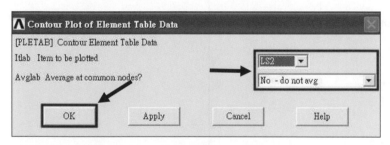

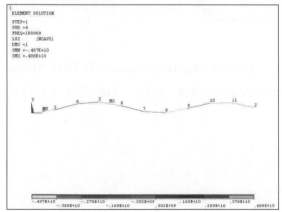

9. 列示第四個挫屈模型之相對應力值

執行主功能表 General PostProc＞Element table＞List Elem Table，接著在列示項目中，選擇 LS2，再按下 OK 確定，如下圖所示。

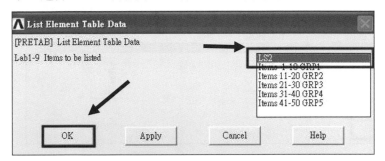

第四個挫屈模型之相對應力值，再按下右上方 ⊠ 關閉，如下圖所示。

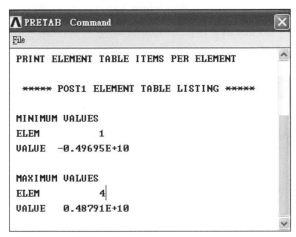

10. 列示節點位移

執行主功能表 General Postproc＞List Results＞Nodal Solution。在 DOF Solution 自由度解之項目中，點選 Y-Component of displacement，再按下 OK 完成列示設定，如下圖所示。

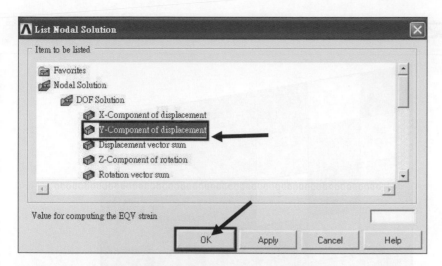

列示出第四個挫屈模型之相對位移量，如下圖所示。

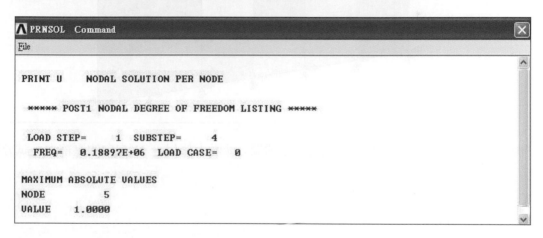

範例 2 板之挫屈分析

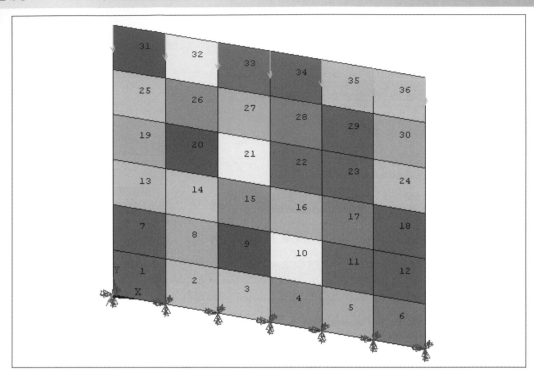

問題：一正方形板，在底端夾持固定，於頂端之節點上施以一 Y 方向的壓縮力，試分析其挫屈模型。

條件：$L_X = 60(m)$

$L_Y = 60(m)$

$L_Z = 1(m)$

$F_Y = -1000(N)$

$E(Young's Modulus) = 3.0 \times 10^{11}(N/m^2)$

$v(Poisson's Ratio) = 0.3$

一、定義元素種類及材料性質

1. 新增元素型式

   依序點選主功能表上的 Preprocessor＞Element Type＞Add/Edit/Delete，接著在對話框中按下 Add 新增元素型式。

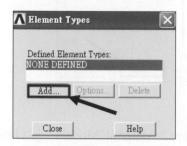

   先選取元素為 Shell 接著選擇 Elastic 4node 63 完成後按下 OK，再按下 Close 關閉對話框。

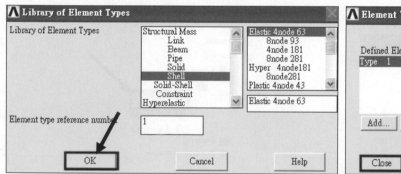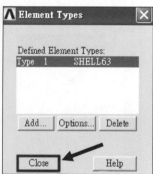

2. 定義實體常數

   依序點選主功能表上的 Preprocessor＞Real Constants＞Add/Edit/Delete，再按下 Add 新增實體常數然後按下 OK。

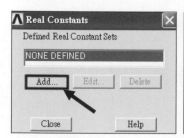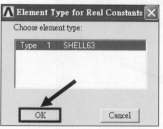

   TK(I)、TK(J)、TK(K)、TK(L)均輸入為 1(四個節點的厚度均為 1m)，再按下 Close 關閉對話框。

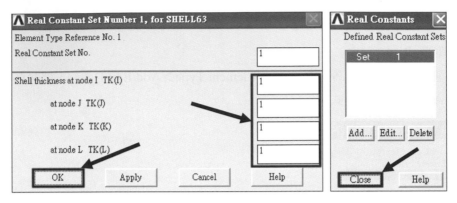

3. 設定材料性質

依序點選主功能表上的 Preprocessor＞Material Props＞Material Models，於材料性質設定對話框右側依序點選 Structural＞Linear＞Elastic＞Isotropic。

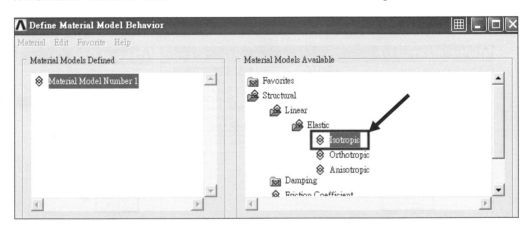

完成點選後，接著在對話框中 EX(Young's Modulus)輸入 3e11、PRXY(Poisson's Ratio)輸入 0.3 完成後按下 OK，再按下 ☒ 離開材料性質設定對話框。

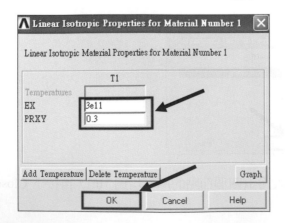

二、建構幾何模型與求解

1. 建立面積

   依序點選主功能表上的 Preprocessor＞Modeling＞Create＞Areas＞Rectangle＞By 2 Corners，接著 WP X 設為 0、WP Y 設為 0、Width 設為 60、Height 設為 60，完成後按下 OK。

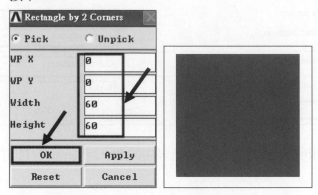

2. 網格設定

   依序點選主功能表上的 Preprocessor＞Meshing＞Size Cntrls＞ManualSize＞Global＞Size，NDIV 輸入 6(指定元素數量)，按下 OK 完成設定。

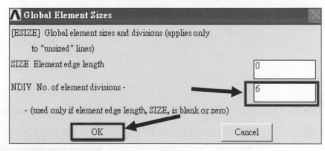

   依序點選主功能表上的 Preprocessor＞Meshing＞Mesh＞Areas＞Free，點選 Pick All，結果如右下圖所示。

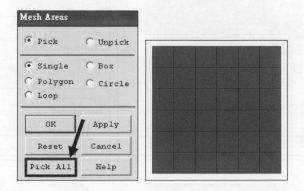

3. 顯示節點與元素編號

點選下拉式功能表中的 PlotCtrls＞Numbering，於對話框中將 Node numbers 勾選起來，並選擇 Element numbers 顯示元素編號，完成後按下 OK。

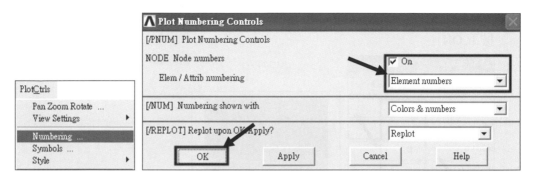

結果如下圖所示(如未繪出則再依序點選下拉式功能表中的 Plot＞Elements 即可)。

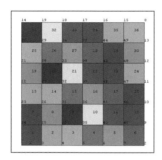

4. 夾持設定

依序點選主功能表上的 Solution＞Define Loads＞Apply＞Structural＞Displacement＞On Nodes，點選 Box 接著框選平版底部的所有節點如中下圖所示，完成後按下 OK。

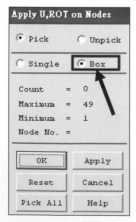
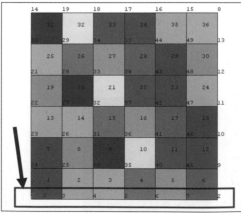
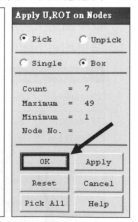

DOFs to be constrained 選擇 All DOF 完成後按下 OK。結果如右下圖所示。

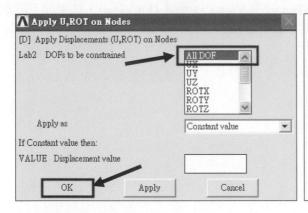 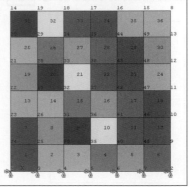

5.　施加負載

依序點選主功能表上的 Solution＞Define Loads＞Apply＞Structural＞Force/Moment＞
On Nodes，點選 Box 接著框選平版頂部的所有節點如中下圖所示，完成後按下 OK。

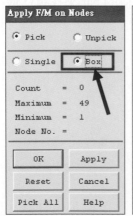 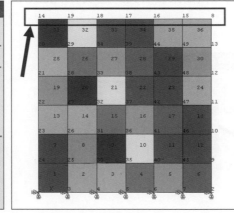 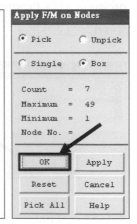

將集中力的方向更改為 FY 並輸入集中力數值為−1000，再按下 OK 完成施加負載，
結果如右下圖所示。

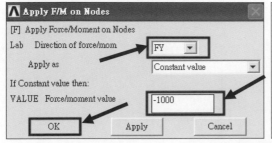 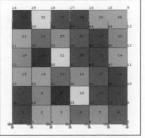

6. 顯示等角視圖

於右側工具列依序點選 (Isometric View)、 (Fit View),結果如下圖所示。

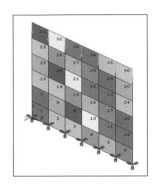

7. 靜力分析設定

依序點選主功能表上的 Solution>Unabridged Menu(展開完整的功能表),再依序點選主功能表上的 Solution>Analysis Type>Analysis Options,將 Stress stiffness or prestress 設為 Prestress ON(如果沒看到此選項可以拖拉右側的 bar 來找尋),最後再按下 OK 完成設定。

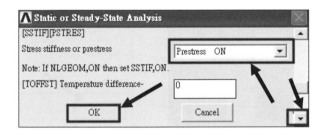

8. 執行靜力分析

依序點選 Solution>Current LS,按下 OK 開始執行分析。分析完畢後會彈出訊息視窗提示計算已完成,按下 Close 將其關閉,統計視窗可按下右上方 ☒ 將其關閉。再對著主功能表上的 Finish 點選一下以完成靜力分析。

9. 挫屈分析

依序點選主功能表上的 Solution＞Analysis Type＞New Analysis，將 Type of analysis 設為 Eigen Buckling 完成後按下 OK。再依序點選主功能表上的 Solution＞Analysis Type＞Analysis Options，將 NMODE 設為 10 完成後按下 OK。

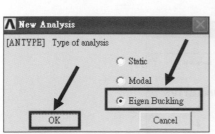
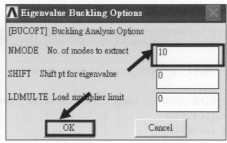

10. 執行挫屈分析

依序點選 Solution＞Current LS，按下 OK 開始執行分析。分析完畢後會彈出訊息視窗提示計算已完成，按下 Close 將其關閉，統計視窗可按下右上方 ✕ 將其關閉。再對著主功能表上的 Finish 點選一下以完成挫屈分析。

依序點選主功能表上的 Solution＞Load Step Opts＞ExpansionPass＞Single Expand＞Expand Modes。NMODE 設為 10、將 Elcalc Calculate elem results?打勾設為 Yes，完成後按下 OK。

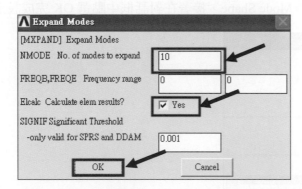

11. 再次執行挫屈分析

依序點選 Solution＞Current LS，按下 OK 開始執行分析。分析完畢後會彈出訊息視窗提示計算已完成，按下 Close 將其關閉，統計視窗可按下右上方 ✕ 將其關閉。

三、結果

1. 結果摘要

   依序點選主功能表上的 General Postproc＞Results Summary，按下右上方的 ⊠ 將視
   窗關閉。

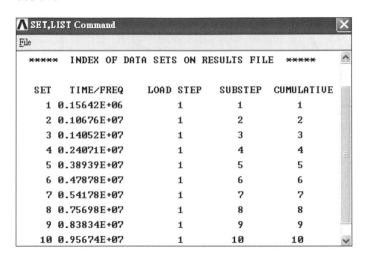

2. 動態顯示第一組結果

   依序點選主功能表上的 General Postproc＞Read Results＞First Set，再依序點選下拉式
   功能表中的 PoltCtrls＞Animate＞Mode Shape，接著在對話框中點選 OK 完成設定。

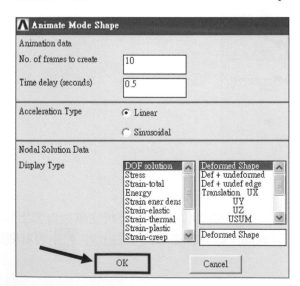

完成後如下圖左所示。若欲關閉動態顯示，可按下對話框中 Close 鈕。

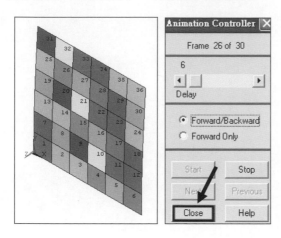

第七章

3-D 結構分析

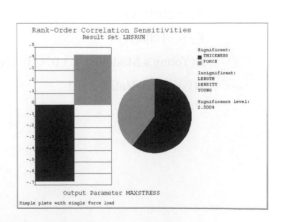

範例 1　3-D 之基本範例

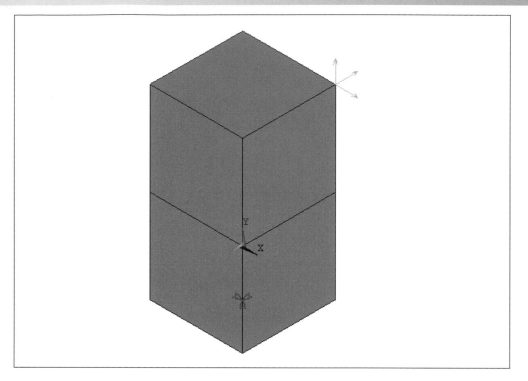

問題：一立方體，在底面夾持固定，於頂端右側之節點上施以 FX = 1000 N、FY = 1000 N 及 FZ = −1000 N 的集中力，試以靜力分析之撓度。

條件：L_X = 10(m)

L_Y = 20(m)

L_Z = 10(m)

F_X = 1000(N)；

F_Y = 1000(N)；

F_Z = −1000(N)；

E(Young's Modulus) = 3.0×10^{11}(N/m^2)

ν(Poisson's Ratio) = 0.3

一、設定輔助網格

顯示工作平面及定義輔助網格：

執行下拉式功能表中 WorkPlane＞Display Working Plane，再執行下拉式功能表中 WorkPlane＞WP Settings，選擇 Grid Only，欄 Snap Incr 設定為 10、Spacing 設定為 10、Minimum 設定為 0、Maximum 設定為 20，按下 OK 完成設定；可利用縮放工具調整至適當大小。

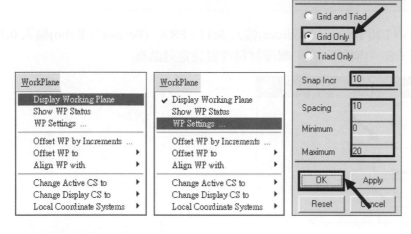

二、定義元素種類及材料性質

1. 新增元素型式

    依序點選主功能表上的 Preprocessor＞Element Type＞Add/Edit/Delete，接著在對話框中按下 Add 新增元素型式，先選取元素為 Solid 接著選擇 Brick 8node 45，按下 OK 完成；按下 Close 關閉對話框。

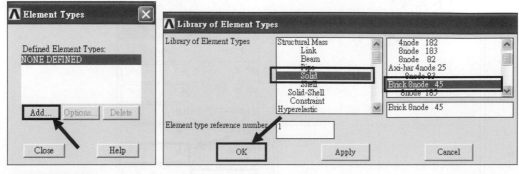

2. 設定材料性質

    依序點選主功能表上的 Preprocessor＞Material Props＞Material Models，於材料性質設定對話框右側依序點選 Favorites＞Linear Static＞Linear Isotropic。

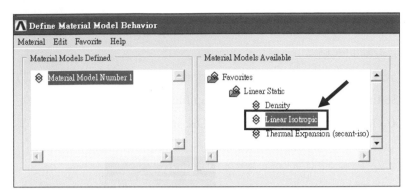

接著在對話框中 EX(Young's Modulus)輸入 3e11、PRXY(Poisson's Ratio)輸入 0.3，輸入完成後按下 OK，再按下 ☒ 離開材料性質設定對話框。

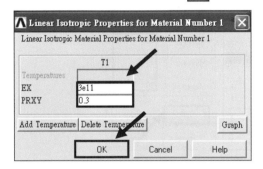

三、建構幾何模型與求解

1. 繪製幾何圖形

   依序點選主功能表上的 Preprocessor＞Modeling＞Create＞Volumes＞Block＞By 2 Corners & Z。點選原點座標(0,0)；再點選座標(10,20)；在 Depth 輸入 10，按下對話框中 OK 完成。

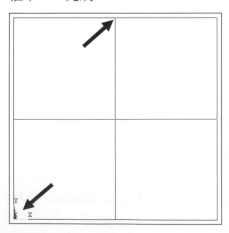
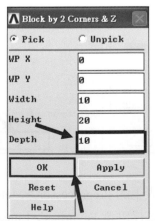

2. 定義分割網格

依序點選主功能表上的 Preprocessor＞Meshing＞Size Cntrls＞ManualSize＞Global＞
Size，將 SIZE Element edge length 設定為 10，完成後按下 OK。

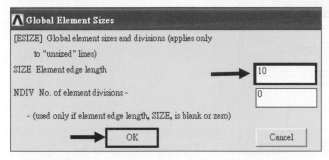

3. 進行分隔

依序點選主功能表上的 Preprocessor＞Meshing＞Mesh Tool，設定 Shape 為 Hex，以
Mapped 的方式，按下 Mesh，點選 Pick All，點選 Mesh Tool 對話框中 Close。

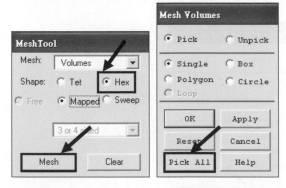

4. 夾持設定

依序點選主功能表上的 Solution＞Define Loads＞Apply＞Structural＞Displacement＞
On Areas，點選立方體底面，完成選取後按下 OK。

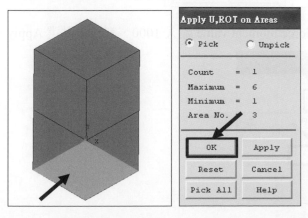

選取 All DOF，完成後點選 OK。

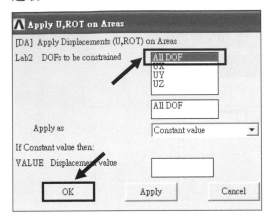

5. 施加負載

依序點選主功能表上的 Solution＞Define Loads＞Apply＞Structural＞Force/Moment＞ On Nodes，點選立方體之 4 號點，完成選取後按下 OK。

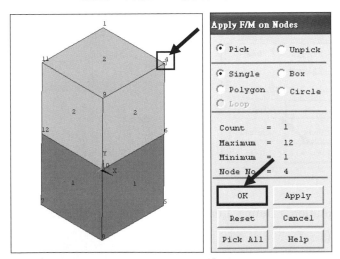

選取 FX 方向的集中力，在 Force/moment value 輸入 1000，完成後點選 Apply。

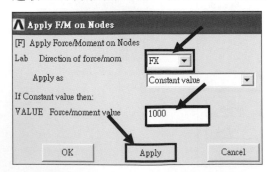

再次抓取立方體之 4 號點，完成選取後按下 OK；選取 FY 方向的集中力，在 Force/moment value 輸入 1000，完成後點選 Apply，再次抓取立方體之 4 號點，完成選取後按下 OK；選取 FZ 方向的集中力，在 Force/moment value 輸入－1000，完成後點選 OK。

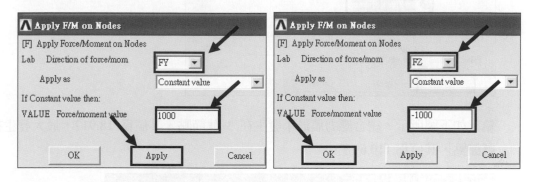

6. 求解

依序點選主功能表上的 Solution＞Current LS，按下 OK 鈕開始執行分析。分析完畢後會彈出訊息視窗提示計算已完成，按下 Close 將其關閉，統計視窗可按下右上方 🗙 將其關閉。

三、結果

1. 顯示節點總合應力

執行主功能表的 General Postproc＞Plot Results＞Contour Plot＞Nodal Solu，選擇 Stress 下的 von Mises Stress，按下 OK。

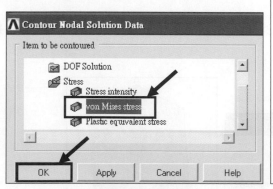
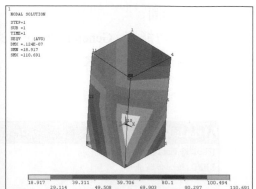

2. 表列出各節點應力

執行主功能表的 General Postproc＞List Results＞Nodal Solution，選擇 Stress 下的 1st Principal Stress，按下 OK。

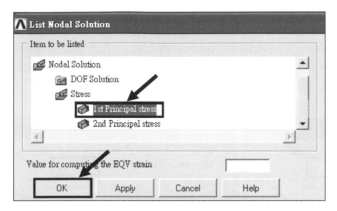

結果如下圖所示。總合應力值最小發生在 3 號節點，其值為 18.917，最大發生在 7 號節點，其值為 110.69。

PRNSOL Command				
File				
11 20.176	−16.469	−18.314	38.490	37.601
12 90.976	3.6341	1.7773	89.199	88.285
MINIMUM VALUES				
NODE 5	5	5	3	3
VALUE −15.587	−18.836	−120.02	21.357	18.917
MAXIMUM VALUES				
NODE 7	4	4	7	7
VALUE 133.92	53.461	24.170	112.33	110.69

3. 顯示變形圖

執行主功能表 General Postproc > Plot Results > Deformed Shape，選擇 Def + undeformed，按下 OK。

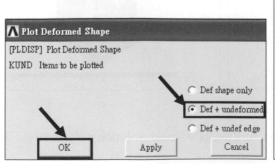

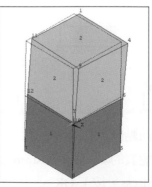

4. 表列節點解

執行主功能表 General Postproc＞List Results＞Nodal Solution，選取 DOF Solution 的
Displacement vector sum，按下 OK 完成設定。

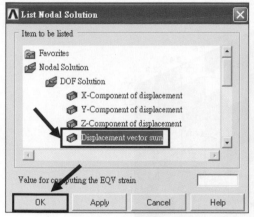

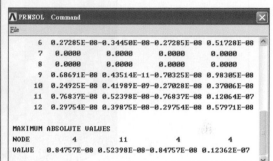

範例 2 軸對稱分析

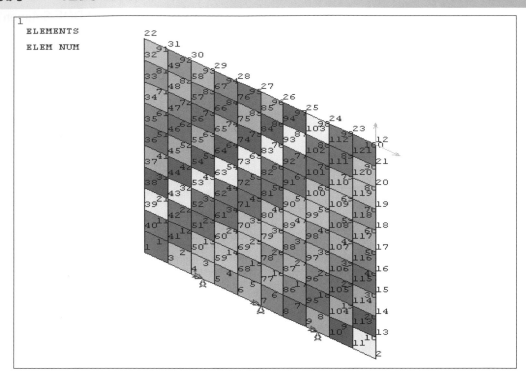

問題：一圓形環，其內圓半徑 r = 50 m，外圓半徑為 R = 60 m，取其斷面為 10×10 m，在底面夾持固定，於輪廓邊緣之上方節點上施以 FX = 1000 N 與 FY = 1000 N 的集中力，試以靜力的軸對稱型式分析之撓度。

條件：r = 50(m)

R = 60(m)

T = 10(m)

E(Young's Modulus) = 3.0×10^{11}(N/m²)

ν(Poisson's Ratio) = 0.3

F_X = 1000(N)

F_Y = 1000(N)

一、系統環境設定

1. 顯示工作平面

   從下拉式功能表執行 WorkPlane＞Display Working Plane，在圖形視窗中顯示出 XY 工作平面。

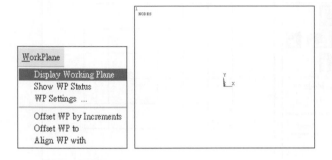

2. 工作平面設定

   執行下拉式功能表 WorkPlane＞WP Settings，第二欄選擇 Grid Only，第三欄更改抓取座標值之增量 Snap Incr 為 10，第四欄中 Spacing 輔助網格每格的尺寸更改為 10，Minimum 網格最小值更改為 0，Maximum 網格最大值更改為 60，按下 OK 完成。

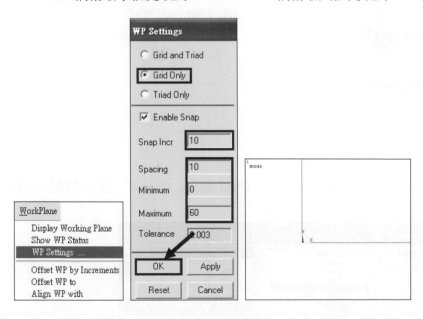

3. 顯示視角平移、縮放及旋轉工具箱

執行下拉式功能表中 PlotCtrls＞Pan, Zoom, Rotate，重複按縮小顯示之小圓點按鈕，直到工作平面上之網格大小適當，再按平移按鈕，直到網格位置在視窗中央。

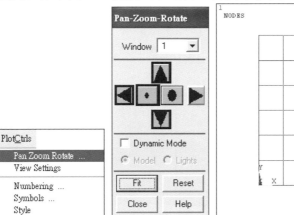
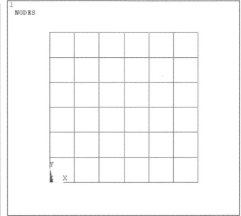

二、元素及材料定義

1. 新增元素型式

本例為軸對稱，所以定義時要更改為軸對稱型式；執行主功能表 Preprocessor＞Element Type＞Add/Edit/Delete。再按下 Add 新增元素型式。

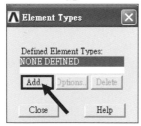

2. 定義元素型式

從元素型式資料庫中，選擇 Solid 中的 Quad 4node 42 元素，適用於軸對稱問題，按 OK 完成設定。

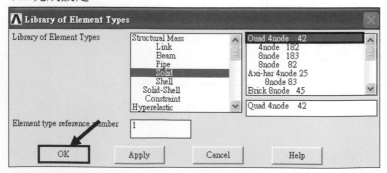

3.　更改軸對稱型式

回到元素型式對話框，已經新增了 PLANE42 的元素型式，按下 Options，出現元素選項，在第三項元素變化中，選擇 Axisymmetric，按下 OK 繼續。

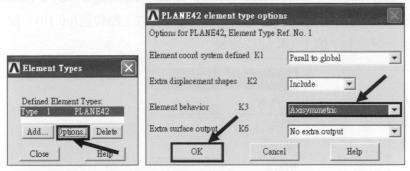

4.　關閉元素型式的對話框與功能表

再回到元素型式對話框，按下 Close 關閉。

5.　定義材料性質

執行主功能表 Preprocessor＞Material Props＞Material Models，在材料性質設定右側點選兩下 Structural＞Linear＞Elastic＞Isotropic。

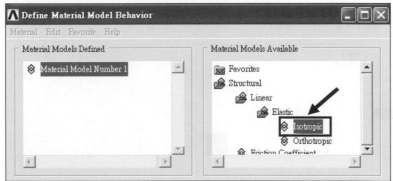

接著在 EX(Young's Modulus)輸入 3e11，PRXY(Poisson's Ratio)輸入 0.3，輸入數值後，按下 OK 完成。完成設定後，可於對話框右上方按下 ✕ 離開。

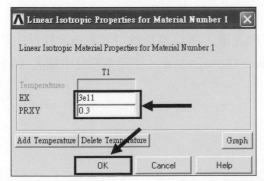

三、繪製幾何圖形

1. 繪製矩形

    執行主功能表 Preprocessor＞Modeling＞Create＞Areas＞Rectangle＞By 2 Corners，決定左下點位置，選取輔助網格原點座標(50,0)；再決定右上點位置(60,10)，按下滑鼠左鍵就定義出一個矩形。按下 OK 完成繪製。

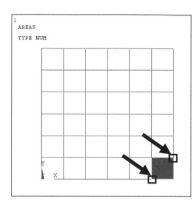 

2. 隱藏輔助網格

    隱藏輔助網格，執行下拉式功能表中 WorkPlane＞Display Working Plane。

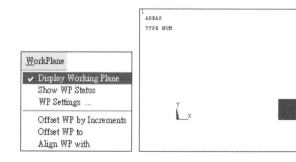

四、分格

1. 定義分格等分

    本例將斷面分為 100 個相等的正方形元素，所以邊長為 1×1 m。執行主功能表 Preprocessor＞Size Cntrls＞ManualSize＞Global＞Size，在元素等分中輸入 10，按下 OK 完成。

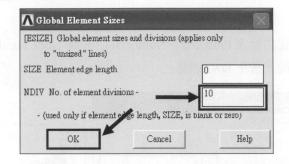

2. 進行分格

完成元素等分定義後,將斷面加以分格,執行主功能表 Preprocessor>Mesh>Areas >Free,選取要分格的斷面,再按下 OK 開始分格。

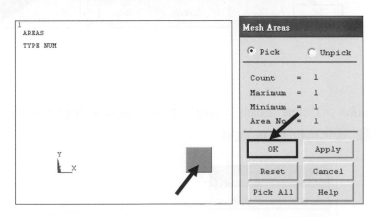

3. 等角視圖顯示

在前視圖中無法精確觀察斷面,所以將其轉成等角視圖顯示,在視角平移、縮放及旋轉對話框中,先按下 Iso 等角視圖顯示按鈕,再按 Fit 填滿顯示按鈕。

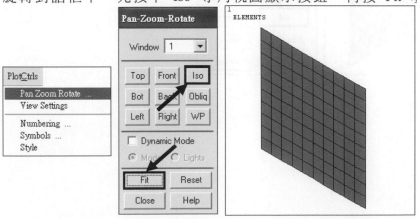

4. 顯示節點及元素編號

將節點及元素編號顯示，執行下拉式功能表 PlotCtrls＞Numbering，先將 Node numbers 勾選後，再選擇 Element numbers 後，按下 OK 完成。

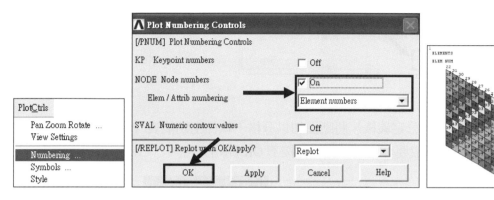

五、負載及夾持

1. 斷面底端夾持

執行主功能表 Solution＞Define Loads＞Apply＞Structural＞Displacement＞On Lines，抓取斷面底端的線，再按下 OK 繼續。

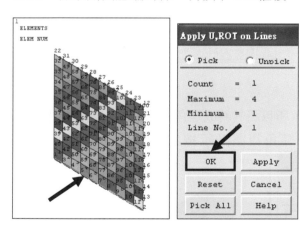

選取 All DOF，再按下 OK 完成。

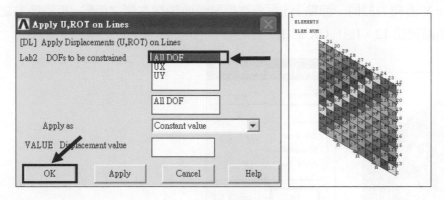

2. 執行主功能表 Solution > Define Loads > Apply > Structural > Force/Moment > On Nodes，抓取斷面頂端右側之節點。抓取節點之後，可知節點編號為 12，按下 OK 繼續。

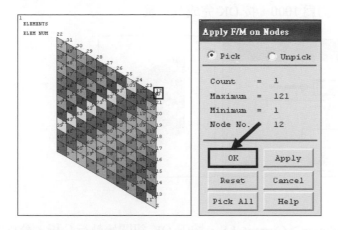

選擇施力方向為 FX，輸入力為 1000，按 Apply 套用其負載。

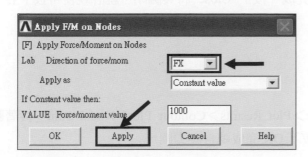

3. 頂端右側節點 Y 方向負載

再施加一 Y 方向力於同一節點上,再一次抓取斷面頂端右側之節點。抓取節點之後,可知節點編號為 12,按下 OK 繼續。

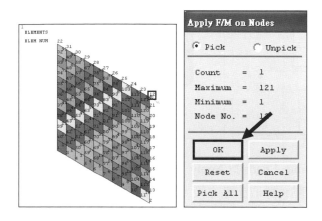

選擇施力方向為 FY,輸入力為 1000,按 OK 完成其負載。

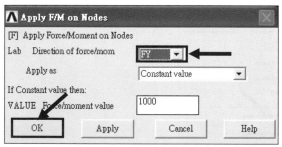
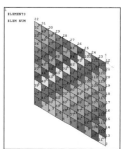

4. 求解

依序點選主功能表上的 Solution>Current LS,按下 OK 鈕開始執行分析。分析完畢後會彈出訊息視窗提示計算已完成,按下 Close 將其關閉,統計視窗可按下右上方 ⊠ 將其關閉。

七、結果

1. 圖示節點總合應力

執行主功能表 General Postproc>Plot Results>Contour Plot>Nodal Solu,接著點選 Stress 之 von Mises Stress,再按下 OK 完成總合應力圖。

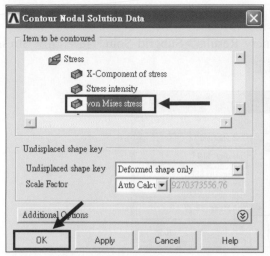

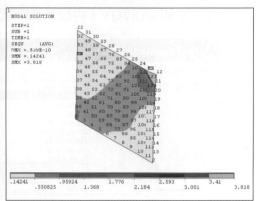

2. 列示節點主要的應力值

執行主功能表 General Postproc＞List Results＞Nodal Solution，接著點選 Stress 之 1st Principal stress，再按下 OK 完成。列示出節點主要的應力值，顯示總合應力值最小發生在 34 號節點，其值為 0.14241，最大發生在 23 號節點，其值為 3.8181。

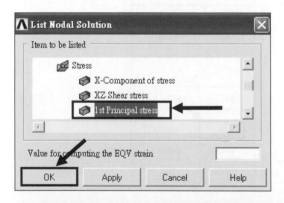

```
    119   0.82971    -0.27553E-01  0.85726      0.74353
    120   1.3195      0.18326E-01  1.3012       1.1335
    121   1.3478     -0.36223      1.7100       1.4809

MINIMUM VALUES
NODE        2           2            49           34
VALUE    -0.14776    -0.73069      0.16351      0.14241
MAXIMUM VALUES
NODE       12          12            23           23
VALUE     7.1504      3.4754       4.3833       3.8181
```

3. 質詢節點總合應力值

執行主功能表 General Postproc＞Query Results＞Subgrid Solu，接著點選 Stress 應力之 von Mises SEQV，再按下 OK 確定。

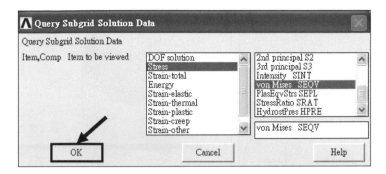

點選總合應力圖上 MAX 和 MIN 兩節點，可以隨讀者喜好自由選取節點；再按下 OK 確定。

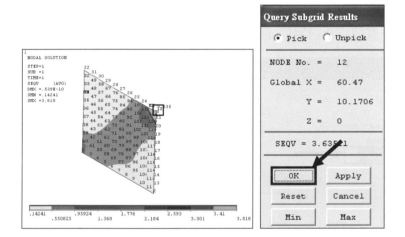

4. 展開 3/4 的節點變形圖

執行下拉式功能表中 PlotCtrls＞Style＞Symmetry Expansion＞2D Axi-Symmetric。

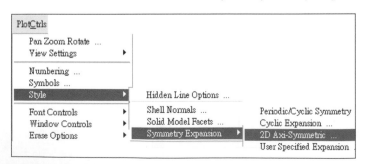

接著選擇展開樣式為 3/4 Expansion，之後按下 OK。

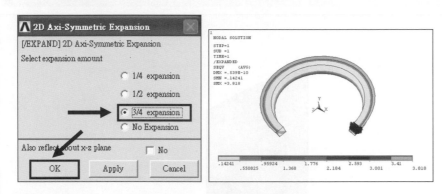

5. 顯示變形圖

執行主功能表 General Postproc＞Plot Results＞Deformed Shape，接著選擇圖示 Def＋ undeformed，之後並按下 OK。

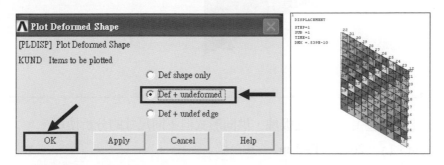

6. 表列節點解

執行下拉式功能表中 General Postproc＞List Results＞Nodal Solution，接著選取表列 形式為 DOF solution 的 Displacement vector sum，之後按下 OK 完成。

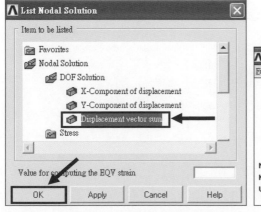

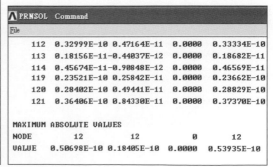

範例 3　參數設計

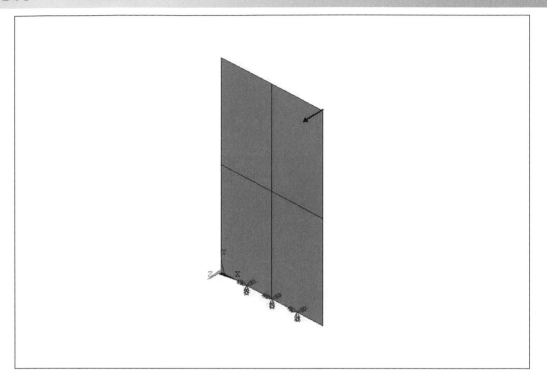

題目：以定義參數之方式產生一方形之板塊，供同形式但不同尺寸的分析使用。

條件：A：Lx = 10 in；Ly = 20 in；T= 1 in

B：Lx = 20 in；Ly = 10 in；T= 5 in

E(Young's Modulus) = 30×10^6(psi)

v(Poisson's Ratio) = 0.3

F_z = 100(lbf)

一、定義參數

　　執行下拉式功能表中 Parameter＞Scalar Parameter，如左下圖所示。將 A=10 輸入至方框內按下 Accept，依序輸入 B=20 及 T=1，最後再按下 Close 關閉對話框，如右下圖所示，完成定義參數。

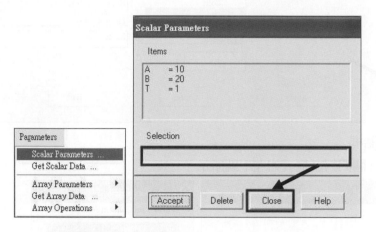

二、元素、實體常數及材料定義

1.　新增元素形式

　　執行主功能表 Preprocessor＞Element Type＞Add/Edit/Delete，在對話框中按下 Add 新增元素型式，如下圖所示。

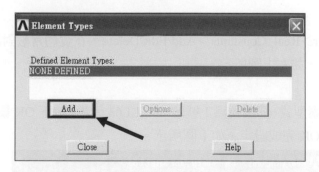

2. 定義板元素形式

選擇 Shell 元素中的 Elastic 4node 63，按 OK 完成設定，如下圖所示。

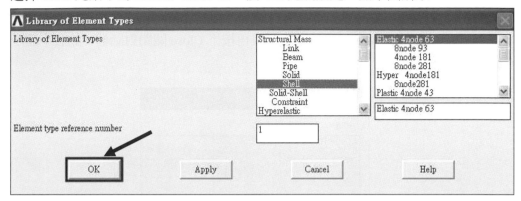

3. 關閉元素形式的對話框

按下對話框中 Close 關閉對話框，如左下圖所示。

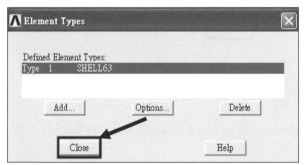

4. 新增實體常數

執行主功能表中 Preprocessor＞Real Constants＞Add/Edit/Delete，在實體常數對話框中，按下 Add 新增實體常數，如右上圖所示。

5. 輸入實體常數

在左方對話框中所定義之元素型式，即編號為 1 號的 SHELL63 元素，按下 OK 繼續；第二欄輸入殼厚度為 T，按 OK 完成設定，如下圖所示。

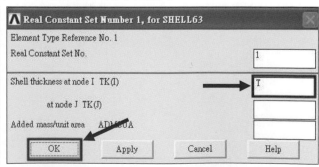

新增了編號為 1 的實體常數集合,按下 Close 關閉對話框。

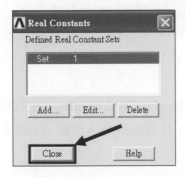

6. 定義材料性質

執行主功能表 Preprocessor>Material Props>Material Models,在材料性質設定對話框右側依序點選兩次 Structural>Linear>Elastic>Isotropic,如下圖所示。

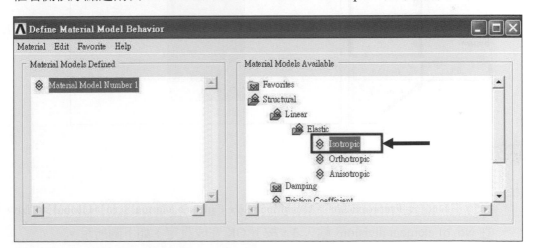

EX(Young's Modulus)輸入 30e6,PRXY(Poisson's Ratio)輸入 0.3,在設定數值後,按下 OK 完成設定,如下圖所示。

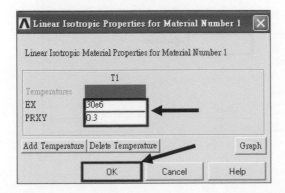

7. 關閉材料性質設定對話框

完成材料性質的設定後，可於對話框右上方按下 ⊠，離開材料性質設定。

三、繪製幾何圖形

繪製矩形：

執行主功能表 Preprocessor＞Modeling＞Create＞Rectangle＞By 2 Corners，在對話方框中的 WP X 輸入 0、WP Y 輸入 0、Width 輸入參數 A 及 Height 輸入參數 B，設定完成後按下 OK 完成矩形繪製。

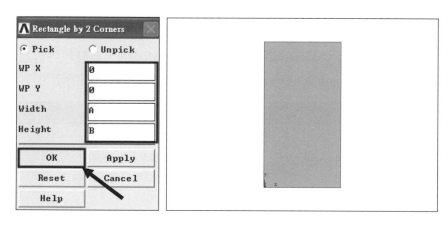

四、分格

1. 定義分格網格

執行主功能表 Preprocessor＞Meshing＞Size Cntrls＞ManualSize＞Global＞Size，接著在 No. of element divisions 輸入 2，按下 OK 完成設定，如下圖所示。

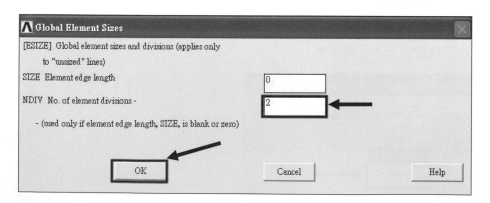

2. 進行分格

執行主功能表 Preprocessor＞Meshing＞Mesh＞Areas＞Free，接著在對話框中按下 Pick All，如下圖所示。

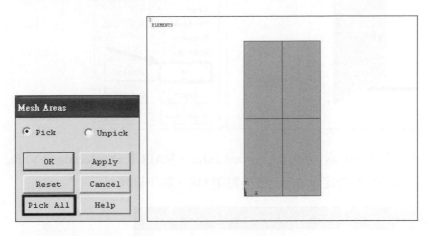

3. 等角視圖顯示

在畫面右方顯示工具列點選 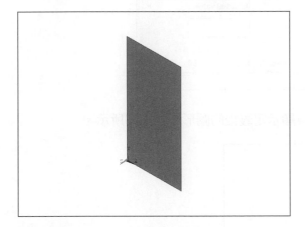，將視角轉至等角視圖。

五、負載及夾持

1. 底端夾持

執行主功能表 Solution ＞ Define Loads ＞ Apply ＞ Structural ＞ Displacement ＞ On Lines，點選板底端的線，如左下圖所示；在對話框中按下 OK 繼續，如右下圖所示。

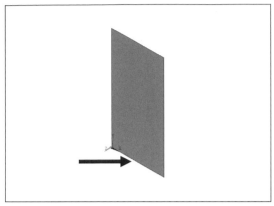

點選 All DOF，在 Apply as 設定為 Constant value，VALUE Displacement Value 不輸入任何數字系統將自動設定為 0，完成後點選 OK，如下圖所示。

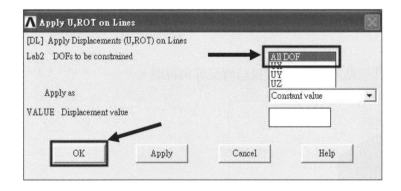

完成定義邊界條件後，系統將會顯示定義後的圖形，如下圖所示。

2. 頂端右端節點負載

執行主功能表 Solution＞Define Loads＞Apply＞Structural＞Force/Moment＞On Keypoints，點選右上角落，如左下圖所示；按下對話框中 OK，如右下圖所示。

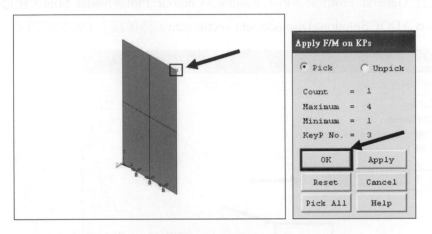

選擇施力方向為 FZ，輸入集中力數值為 100(lbf)，按 OK 完成設定。

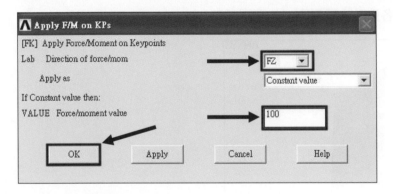

六、分析

執行分析：

執行主功能表 Solution＞Solve＞Current LS 進行分析，按下 OK 開始執行分析。分析完畢後，在訊息視窗中提示計算完成，按下 Close 將其關閉，統計視窗可按下右上方 ⊠ 將其關閉。

七、顯示節點變形圖

顯示節點變形圖

執行主功能表 General Postproc＞Plot Results＞Contour Plot＞Nodal Solu，依序選取 Nodal Solution＞DOF Solution>Displacement vector sum，然後按下 OK 完成設定。

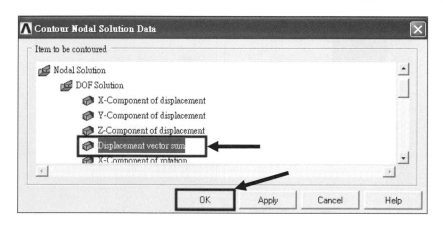

此時系統將顯示各節點之變形圖，如下圖所示。

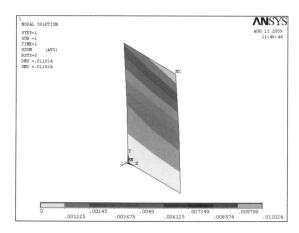

八、儲存 log 程序檔及修改參數

1. 儲存 log 程序檔

   執行下拉式功能表中 File＞Write DB Log Lile，輸入欲存的檔 002.lgw，在最後一欄選擇 Write essential commands only，按下 OK 完成儲存，如下圖所示。

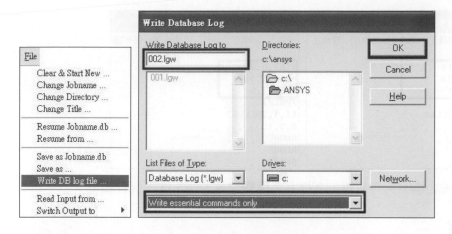

2.　修改參數

以 Windows 作業系統中的筆記本開啟 002.lgw 檔案，將未修改的 002.lgw 檔內容中的方框處刪除。(提示：第一下圖欲刪除內容為文件最上端三行，第二下圖欲刪除內容為文件最下端一行)

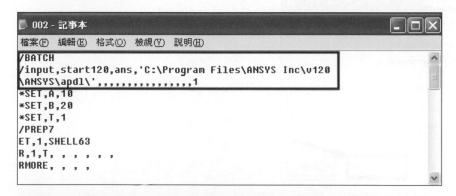

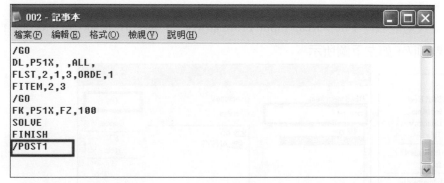

將未修改的 002.lgw 檔內容中的方框處，將原來尺寸，即 A=10，B=20，T=1，修改為所需之尺寸，即 A=20，B=10，T=5，如下圖所示。

002 - 記事本	002 - 記事本
檔案(F) 編輯(E) 格式(O) 檢視(V) 說明(H)	檔案(F) 編輯(E) 格式(O) 檢視(V) 說明(H)
*SET,A,10 *SET,B,20 *SET,T,1 /PREP7 ET,1,SHELL63 R,1,T, , , , , , RMORE, , , , RMORE RMORE, ,	*SET,A,20 *SET,B,10 *SET,T,5 /PREP7 ET,1,SHELL63 R,1,T, , , , , , RMORE, , , , RMORE RMORE, ,

將修改後之檔案另存新檔,在檔案名稱欄輸入 new,按下儲存檔案。

九、讀取檔案

1. 建立新分析

   點選螢幕上方工具列 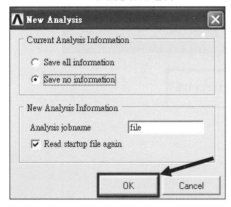 ,建立新分析;假若需要儲存檔案選擇 Save all information,不需要則選擇 Save no information,按下 OK 建立分析。

2. 讀取檔案

   執行下拉式功能表中 File>Real Input From 讀取程序檔指令,選取 new.txt 檔,按下 OK 完成讀取,如左下圖所示。

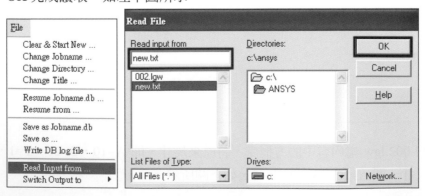

完成讀取後為分析完成之模型,可依第七、顯示節點變形圖之方式。

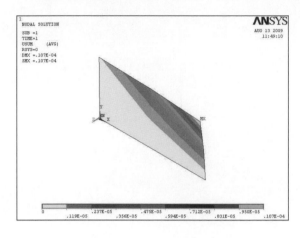

第八章

進階範例

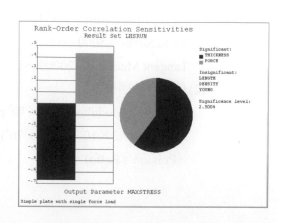

範例 1 落下測試

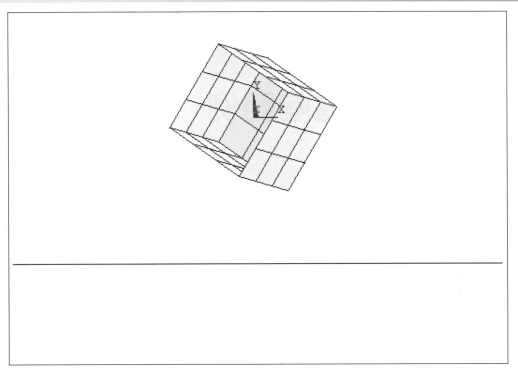

問題：一方形容器受重力作用，由一特定高度落下，底下由一固定的長方形截面樑支撐，
觀察容器擊中長方形截面樑反彈的運動情形。

條件：(1)容器

T = 0.1 in

E(Young's Modulus) = 10.3×10^6 si

Density = 2.5×10^{-4}(lbf$\times$s^2/in^4)

ν(Poisson's Ratio) = 0.334

Yield Stress = 5000 psi

Tangent Modulus = 20000 psi

(2)長方形截面樑

E(Young's Modulus) = 30×10^6 psi

Density = 7.3×10^{-4} (lbf$\times$s^2/in^4)

ν(Poisson's Ratio) = 0.292

一、系統環境設定

1. 開啓 ANSYS LS-DYNA

   使用 Mechanical APDL Product Launcher 開啓 ANSYS LS-DYNA。

   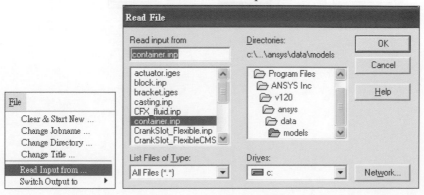

2. 指定分析模式

   執行主功能表中 Preferences，指定分析爲 Structural，在 Discipline options 選擇 LS-DYNA Explicit，按下 OK 確定。

3. 載入檔案

   執行下拉式功能表 File > Read Input form，將檔案從 Program Files\Ansys Inc\V120\ANSYS\data\models\container.inp 載入。

二、定義元素種類及材料性質

1. 新增元素型式
    依序點選主功能表上的 Preprocessor＞Element Type＞Add/Edit/Delete，接著在對話框中按下 Add 新增元素型式，選取元素為 LS-DYNA Explicit 接著選擇 Thin Shell 163，按下 OK 完成。

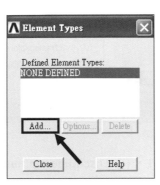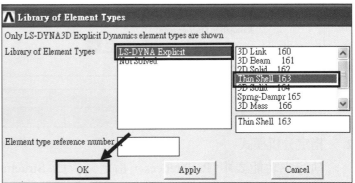

2. 元素設定
    選擇 SHELL163 按下 Options，於 Element Formulation 中更改為 S/R co-rotation，完成後按下 OK；按下 Close 關閉對話框。

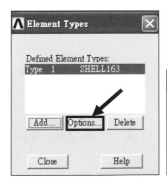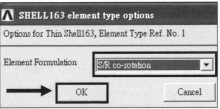

3. 設定實體常數

執行主功能表上的 Preprocessor＞Real Constants，按下 Add 新增實體常數然後按下 OK，確認 Real Constant Set NO.1 按下 OK。

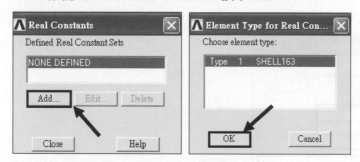

設定 SHRF 為 1、NIP 為 2、T1 為 0.1、T2 為 0.1、T3 為 0.1、T4 為 0.1，設定完成後按下 OK，按下 Close 關閉對話框。

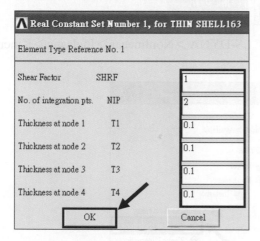

4. 設定材料性質

執行主功能表上的 Preprocessor＞Material Props＞Material Models，於材料性質設定對話框右側依序點選 LS-DYNA＞Rigid Material。

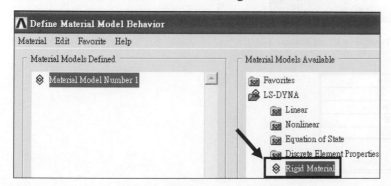

接著在對話框中 DENS 輸入 7.3E-4、EX 輸入 30E6、NUXY 輸入 0.292，將 Translational Constraint Parameter 設定為 All disps，將 Rotational Constraint Parameter 設定為 All rotations，完成後按下 OK；在材料性質設定對話框內的主工具列選擇 Material＞New Model，直接按下 OK。

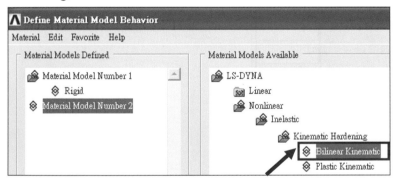

於材料性質設定對話框右側依序點選 LS-DYNA＞Nonlineear＞Inelastic＞Kinematic Hardening＞Bilinear Kinematic。

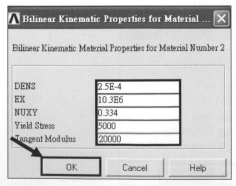

接著在對話框中 DENS 輸入 2.5E-4、EX 輸入 10.3E6、NUXY 輸入 0.334，將 Yield Stress 設定為 5000，將 Tangent Modulus 設定為 20000，按下 OK。

三、建立網格

1. 將容器網格化

    執行主功能表 Preprocessor＞Meshing＞MeshTool，將 Element Attributes 設定為 Global 按下 Set，選擇 Material number 為 2，之後按下 OK。

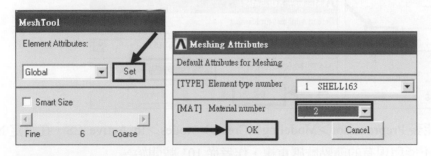

選擇 Mesh 形式為 Areas，將 Shape 設定為 Mapped，按下 Mesh，按下 Pick All。

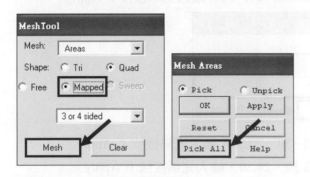

2. 旋轉視角及顯示節點編號

    執行下拉式功能表中 PlotCtrls＞Pan, Zoom, Rotate，按下 Obliq，按下 Close 關閉；執行下拉式功能表中 PlotCtrls＞Numbering，勾選 Node number，按下 OK 完成。

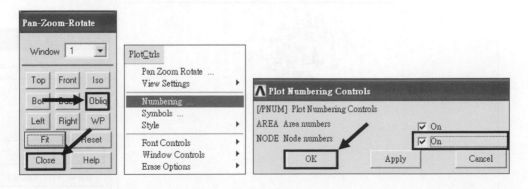

3. 建立長方形截面樑

將 Element Attributes 設定為 Global 按下 Set，選擇 Material number 為 1，之後按下 OK，按下 Close 關閉 MeshTool。

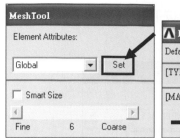
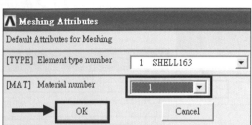

執行主功能表 Preprocessor＞Modeling＞Create＞Nodes＞In Active CS，在設定 Node number 時不能與現有的節點號碼重複，作者從 101 號開始。

第 101 號的 XYZ 的座標分別為 $-50, -20, -50$。輸入完畢後按下 Apply。

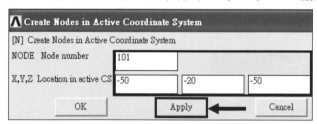

第 102 號的 XYZ 的座標分別為 $-50, -20, 50$，輸入完畢後按下 Apply。

第 103 號的 XYZ 的座標分別為 $50, -20, 50$，輸入完畢後按下 Apply。

第 104 號的 XYZ 的座標分別為 $50, -20, -50$，輸入完畢後按下 OK。

執行主功能表 Preprocessor＞Modeling＞Create＞Elements＞Auto Numbered＞Thru Nodes，依序點選上步驟設定之四點，按下 OK。

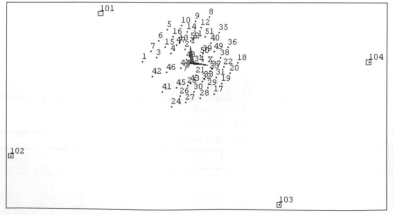
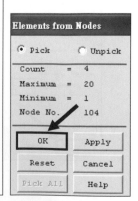

執行下拉式功能表中 Plot＞Elements。

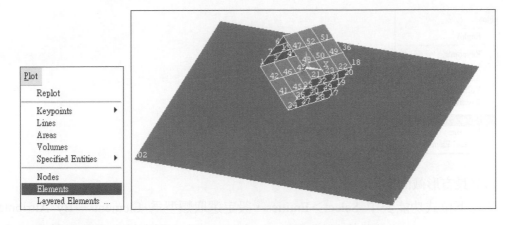

4. 建立容器物件

執行下拉式功能表中 Select＞Entities。設定選取類型為 Elements→By Attributes→Material num，之後輸入材料編號 2，按下 Apply。再次設定選取類型為 Nodes→Attached to→Elements，按下 OK。

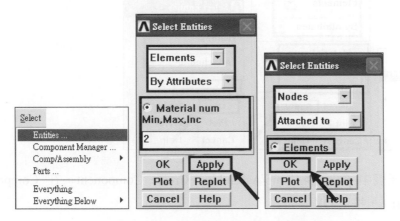

執行下拉式功能表中 Select＞Comp/Assembly＞Create Component，在 Component name 輸入 BOX，按下 OK。

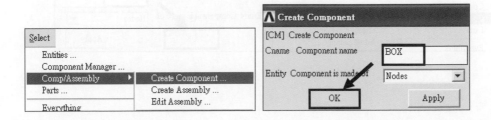

執行下拉式功能表中 Plot＞Nodes，再執行下拉式功能表中 Select＞Everything。

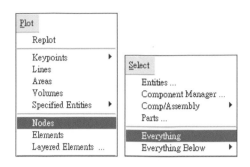

5. 建立長方形截面樑物件

執行下拉式功能表中 Select＞Entities，設定選取類型為 Elements→By Attributes→Material num，之後輸入材料編號 1，按下 Apply；再次設定選取類型為 Nodes→Attached to→Elements，按下 OK。

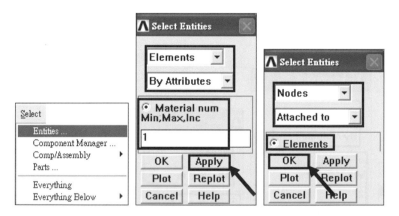

執行下拉式功能表中 Select＞Comp/Assembly＞Create Component，在 Component name 輸入 TABLE，按下 OK。

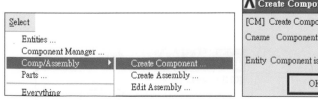
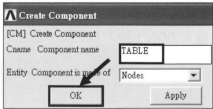

執行下拉式功能表中 Plot＞Nodes，再執行下拉式功能表中 Select＞Everything。

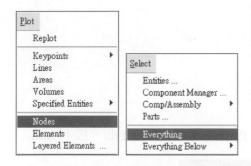

6. 設定接觸參數

執行主功能表 Preprocessor＞LS-DYNA Options＞Contact＞Define Contact。點選 Surface to Surf 再點選 Automatic(ASTS)按下 OK。

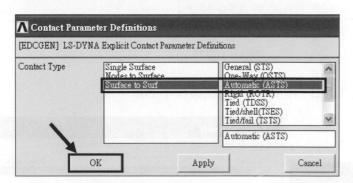

將 Contact 設定為 BOX，將 Target 設定為 TABLE，按下 OK。

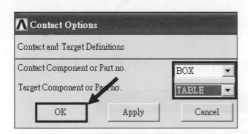

四、施加負載

1. 設定容器初始速度

執行主功能表 Solution＞Initial Velocity＞On Nodes＞w/Nodal Rotate，設定 BOX 為 Y 方向−200 的速度，按下 OK。

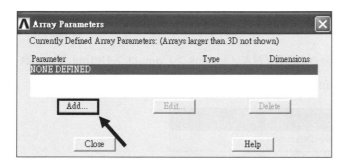

執行下拉式功能表中 Parameters＞Array Parameters＞Define/Edit，按下 Add。

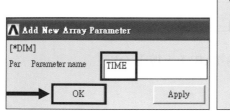

在 Parameter name 輸入 TIME，按下 OK，完成後按下 Edit。

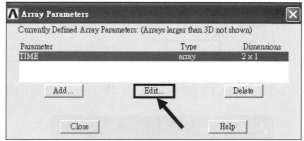

設定 1 號框後方數值為 0，設定 2 號框後方數值為 1，再點選 File＞Apply/Quit。

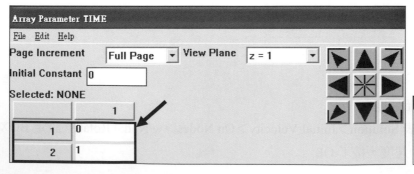

同上述步驟，再次按下 Add。在 Parameter name 輸入 ACCG，按下 OK，完成後按下 Edit。設定 1 號框後方數值為 386.4，設定 2 號框後方數值為 386.4；再點選 File＞ Apply/Quit，按下 Close 離開。

2. 設定容器加速度

執行主功能表 Solution＞Loading Options＞Specify Loads，在 Load Labels 設定為 ACLY，在 Component name or PART number 設定為 BOX，在 Parameter name for time values 設定為 TIME，在 Parameter name for data values 設定為 ACCG，按下 OK。

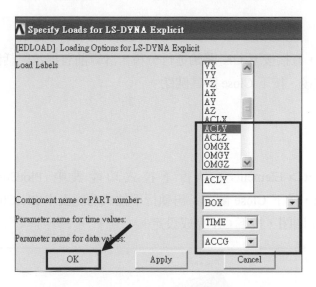

3. 指定輸出

執行主功能表 Solution＞Time Controls＞Solution Time，將 Terminate at Time 設定為 1.0，按下 OK。

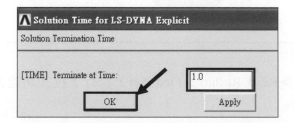

執行主功能表 Solution＞Output Controls＞File Output Freq＞Number of Steps，將第一 與第二欄設定為 50，按下 OK 完成。

Specify File Output Frequency

[EDRST] Specify Results File Output Interval:

Number of Output Steps | 50

[EDHTIME] Specify Time-History Output Interval:

Number of Output Steps | 50

OK | Apply | Cancel

五、分析

執行分析：

執行主功能表 Solution＞Solve，直接按下 OK 開始進行分析，計算前有提示對話框，選擇 YES 繼續計算，計算完成後，按下 Close 將其關閉。

六、結果

1. 顯示應力動態圖

執行下拉式功能表中 Plot＞Elements，執行下拉式功能表中 PlotCtrls＞Pan-Zoom-Rotate，按下 Front，按下 Close 關閉；再執行下拉式功能表中 PlotCtrls＞Numbering，將 Node Numbers 關閉，按下 OK 完成設定。

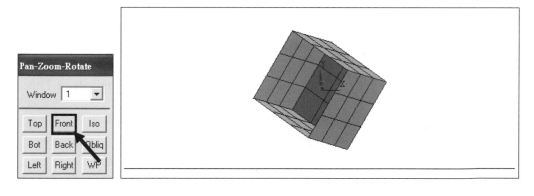

執行主功能表 General Postproc＞Read Resluts＞First Set，執行下拉式功能表中 PlotCtrls＞Animate＞Over Results。

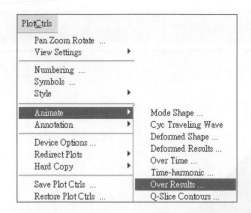

確認 Auto contour scaling 為 On，選擇 Stress 下的 von Mises SEQV，按下 OK；可按下 Close 關閉應力動態圖。

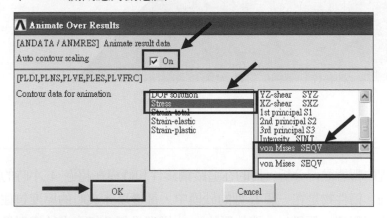

2. 顯示應變動態圖

執行下拉式功能表中 PlotCtrls＞Animate＞Over Results，確認 Auto contour scaling 為 On，選擇 DOF solution 下的 Deformed Shape，按下 OK；可按下 Close 關閉應變動態圖。

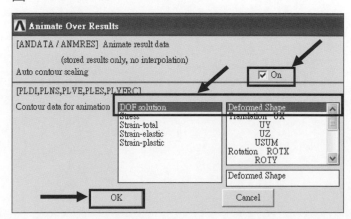

範例 2　熱應力分析

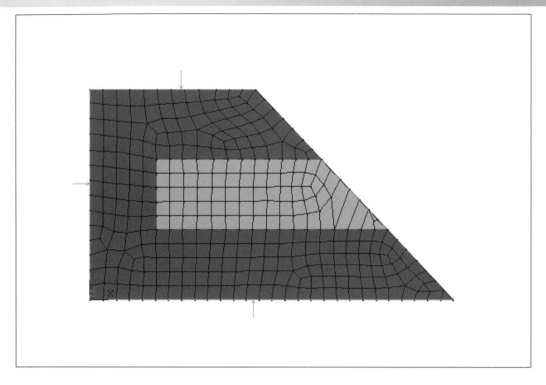

問題：這是一個鑄造過程的暫態熱傳分析，目的在追蹤鋼鑄件和砂模在超過 4 小時的凝固過程中溫度的分佈。鑄件物是在一個 L 型的砂模中，每邊以 4 英吋的厚度包住，在砂模和外界空氣出現對流。假設以一單位厚的 2D 模型進行分析，由於模型是對稱的，所以取下半截的模型進行分析。

條件：熱傳導係數 = 0.025(Btu/[hr-in-°F])
　　　比熱 　 = 0.28(Btu/[lb-°F])
　　　密度 　 = 0.054(lb/in^3)

一、系統環境設定

點選主功能表上的 Preferences，然後指定分析形式為 Thermal 熱分析，完成後按下 OK。

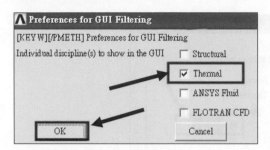

二、定義元素種類及材料性質

1. 新增元素型式

   依序點選主功能表上的 Preprocessor＞Element Type＞Add/Edit/Delete，接著在對話框中按下 Add 新增元素型式。

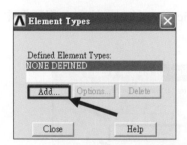

先選取元素為 Solid 接著選擇 Quad 4node 55 完成後按下 OK，再按下 Close 關閉對話框。

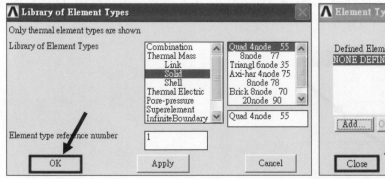
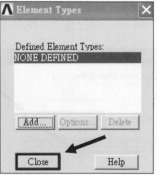

2. 設定材料性質(設定熱傳導係數、比熱及密度)

依序點選主功能表上的 Preprocessor＞Material Props＞Material Models，於材料性質設定對話框右側依序點選 Thermal＞Conductivity＞Isotropic 設定熱傳導係數。

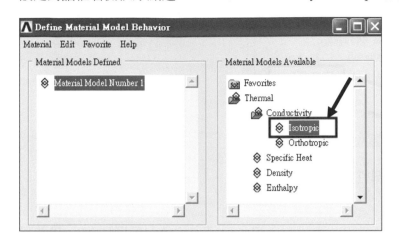

完成點選後，接著在對話框中 KXX 熱傳導係數輸入 0.025 如左下圖所示，完成後按下 OK；再於材料特性設定對話框右側點選 Specific Heat 比熱，接著在對話框中 C 比熱輸入 0.28 如右下圖所示，完成後按下 OK。

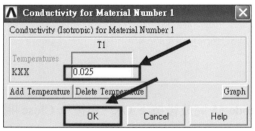
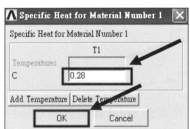

於材料特性設定對話框右側點選 Density 密度，接著在對話框中 DENS 密度輸入 0.054，完成後按下 OK。

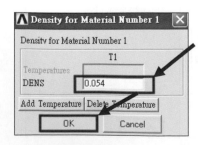

3. 增加新的材料特性

於材料特性設定對話框的下拉式功能表上依序點選 Material＞New Model 增加新的材料特性，接著在 Define Material ID 輸入 2，完成後按下 OK。

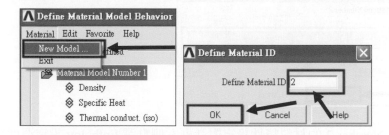

先於材料性質設定對話框左側點選 Material Model Number 2，再於右側依序點選 Thermal＞Conductivity＞Isotropic。

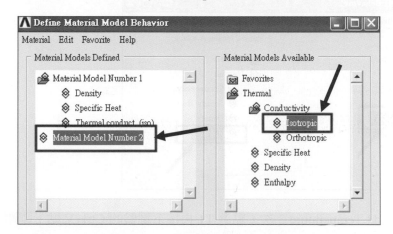

接著先連續點選 Add Temperature 3 次，接著依序輸入 T1 = 0，T2 = 2643，T3 = 2750，T4 = 2875，T1 的 KXX = 1.44，T2 的 KXX = 1.54，T3 的 KXX = 1.22，T4 的 KXX = 1.22，點選 Graph 繪製溫度相對熱傳導係數圖，如下圖所示。

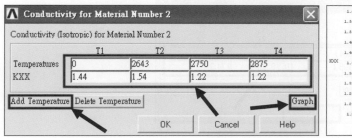
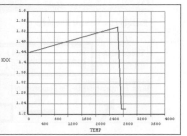

點選 T1 並且按住滑鼠左鍵向右拖拉橫過整列,再按下鍵盤的 Ctrl+C 複製全部的溫度表,按下 OK 完成設定。

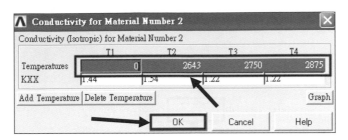

在 Material Model Number 2 的材料特性設定對話框右側點選 Enthalpy 設定溫度相對焓表格。

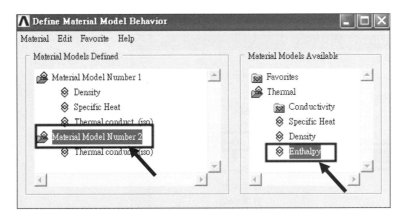

接著先連續點選 Add Temperature 3 次,點選 T1 再按下鍵盤的 Ctrl+V 貼上剛剛所複製的溫度表,接著依序輸入 T1 的 ENTH = 0,T2 的 ENTH = 128.1,T3 的 ENTH = 163.8,T4 的 ENTH = 174.2,完成後按下 OK;再按下 ⊠ 離開材料性質設定對話框。

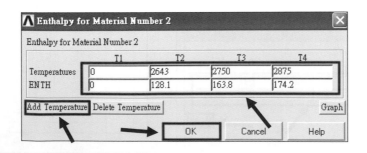

三、建構幾何模型與求解

1. 建立點

依序點選主功能表上的 Preprocessor＞Modeling＞Create＞Keypoints＞In Active CS 建立節點於目前座標系統，在 Keypoint number 處輸入 1，接著依序輸入第一點(X,Y,Z)的座標值為(0,0,0)，完成後按下 Apply 繼續建立第二點。

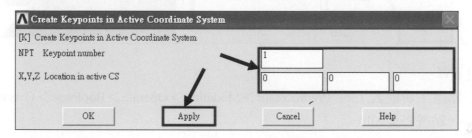

第二點：Keypoint number 輸入 2、(X,Y,Z)的座標值為(22,0,0)，完成後按下 Apply 繼續建立第三點。

第三點：Keypoint number 輸入 3、(X,Y,Z)的座標值為(10,12,0)，完成後按下 Apply 繼續建立第四點。

第四點：Keypoint number 輸入 4、(X,Y,Z)的座標值為(0,12,0)，完成後按下 OK 即完成四個點的建立。

2. 建立面積

依序點選主功能表上的 Preprocessor＞Modeling＞Create＞Areas＞Arbitrary＞Through KPs，接著依序點選點 1、點 2、點 3、點 4 完成後按下 OK。

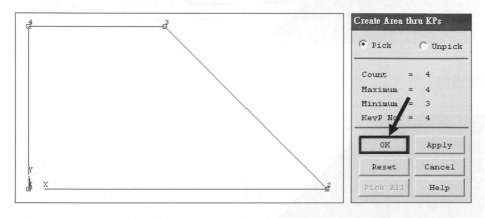

依序點選主功能表上的 Preprocessor＞Modeling＞Create＞Areas＞Rectangle＞By Dimensions。接著依序輸入 X1 = 4，X2 = 22，Y1 = 4，Y2 = 8，完成後按下 OK。

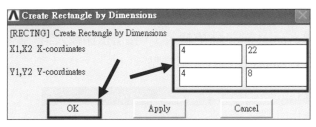 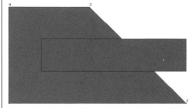

3. 布林運算
    依序點選主功能表上的 Preprocessor＞Modeling＞Operate＞Booleans＞Overlap＞Areas，點選 Pick All。

4. 刪除平面
    依序點選主功能表上的 Preprocessor＞Modeling＞Delete＞Area And Below，點選如左下圖所示之位置再按下 OK。

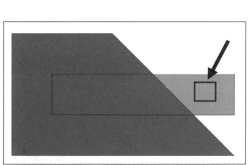 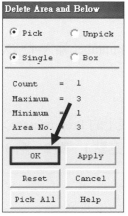

完成圖如下所示。

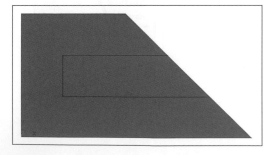

5. 網格設定

依序點選主功能表上的 Preprocessor＞Meshing＞MeshTool，將 Smart Size 勾選起來，
並將尺寸控制列調至 4(如果出現警告則分析會容易出現問題，可藉由把數字降低來
解決)再按下 Mesh，接著點選右下圖所示之平面，再按下 OK。

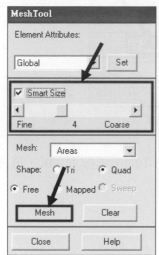
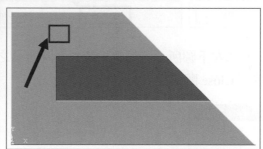

完成圖如下所示。

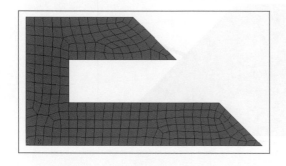

於 Element Attributes 欄內按下 Set 如左下圖所示；接著在 Material number 點選 2 如
右下圖所示，完成後按下 OK。

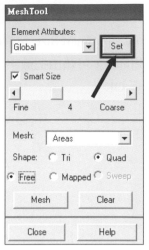
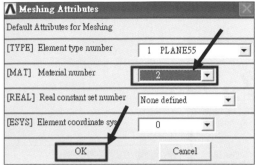

再按下 Mesh 如左下圖所示,接著點選右下圖所示之平面,再按下 OK,最後再將
MeshTool 按下 Close 關閉視窗即可。

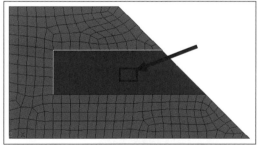

6. 圖示兩種不同的材料

點選下拉式功能表中的 PlotCtrls＞Numbering,於對話框中將 Elem/Attrib numberung
設為 Material numbers,並將 Numbering show with 設為 Colors only,完成後按下 OK。

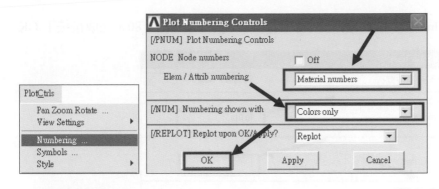

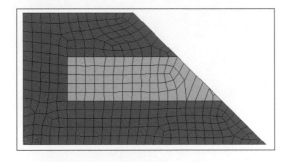

完成圖如下所示。

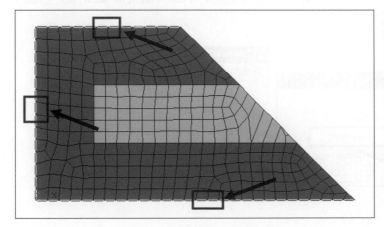

7. 施加熱對流在外部的線上

依序點選主功能表上的 Preprocessor > Loads > Define Loads > Apply > Thermal > Convection > On Lines 施加熱對流在線上,接著點選左下圖所示之三條線段,完成後按下 OK。

接著在 Film coefficient 輸入 0.014，Bulk temperature 輸入 80，完成後按下 OK。

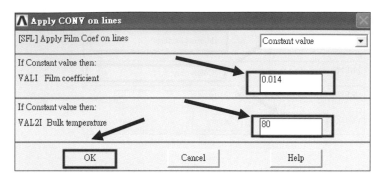

完成圖如下所示。

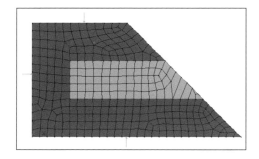

8. 選擇分析形式

依序點選主功能表上的 Solution＞Analysis Type＞New Analysis，選取分析形式為 Transient 按下 OK，再按下 OK 接受系統預設的 Full transient analysis 全部的暫態分析，如下圖所示。

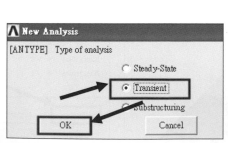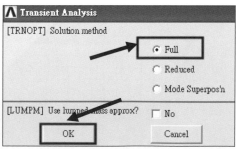

9. 顯示面積

點選下拉式功能表中的 Plot＞Areas，完成圖如右下圖所示。

 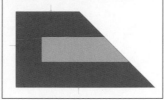

10. 選擇面圖素

點選下拉式功能表中的 Select＞Entities，接著設定選取類型為 Areas 再按下 Apply，如右下圖所示。

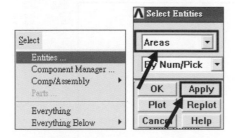

接著點選左下圖所示之平面，再按下 OK。

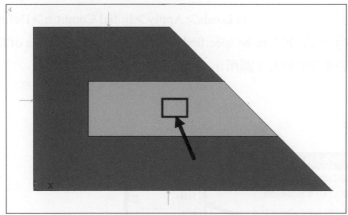 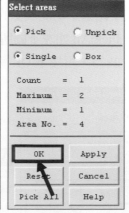

完成選取實體表面後，接著在選擇圖素對話框中設定選取類型為 Nodes→Attached to →Areas,all 之後按下 Apply，如下圖所示。

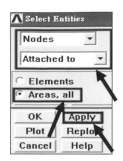

點選下拉式功能表中的 Plot＞Nodes 顯示平面上之節點，如下圖所示。

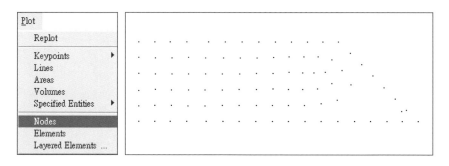

11. 定義初始條件

依序點選主功能表上的 Solution＞Define Loads＞Apply＞Initial Condit'n＞Define，按下 Pick All 如左下圖所示，將 DOF to be specified 設為 TEMP、Initial value of DoF 設為 2875，再按下 OK 完成設定如右下圖所示。

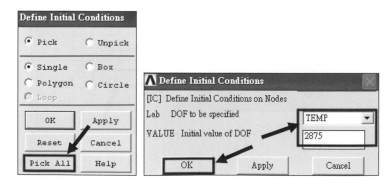

在 Select Entities 對話框中點選 Invert 選取相反的節點,再點選下拉式功能表中的 Plot
>Nodes 顯示平面上之節點,如下圖所示。

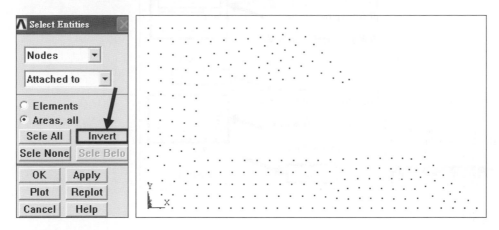

依序點選主功能表上的 Solution>Define Loads>Apply>Initial Condit'n>Define,按
下 Pick All 如左下圖所示,將 DOF to be specified 設為 TEMP、Initial value of DoF 設
為 80,按下 OK 完成設定如中下圖所示;再於 Select Entities 對話框中點選 Cancel
關閉對話框如右下圖所示。

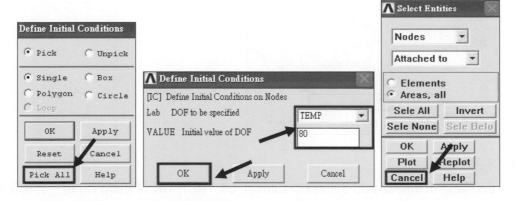

12. 設定時間、時間步驟及相關參數

點選下拉式功能表中的 Select>Everything 選擇所有,依序點選主功能表上的 Solution
>Load Step Opts>Time/Frequenc>Time and Time Step Options。接著在 Time at end of
load step 輸入 4(hours),在 Time step size 輸入 0.01,選取 Stepped 步驟負載,在 Minimum
time step size 輸入 0.001,Maximum 最大時間步驟尺寸欄位中輸入 0.25,再按下 OK
確定,如右下圖所示。

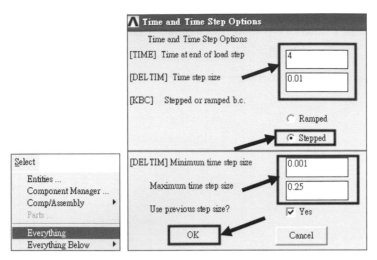

13. 設定輸出控制

依序點選主功能表上的 Solution＞Load Step Opts＞Output Ctrls＞DB/Results File，將
File write frequency 設為 Every substep，完成後按下 OK。

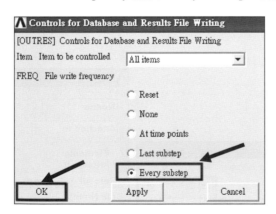

14. 求解

依序點選主功能表上的 Solution＞Current LS，按下 OK 開始執行分析。分析完畢後
會彈出訊息視窗提示計算已完成，按下 Close 將其關閉，統計視窗可按下右上方 ☒
將其關閉。

四、結果

1. 顯示節點編號

點選下拉式功能表中的 PlotCtrls＞Numbering，於對話框中將 Node numbers 勾選起
來，並將 Numbering show with 設為 Colors & numbets 完成後按下 OK。

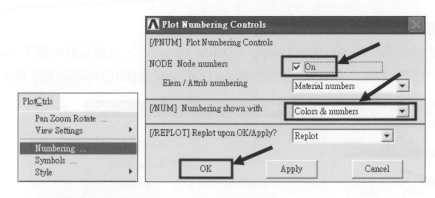

完成後如下圖所示。

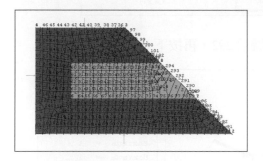

2. 設定純量參數

點選下拉式功能表中的 Parameters＞Scalar Parameters...，接著輸入定義變數 cntr_pt=node(16,6,0)再按下 Accept，此中心點的編號是 292，可是節點的編號會因為不同的分格，而編號不同，所以中心點的編號不一定是 292，再點選 Close 關閉視窗，如下圖所示。

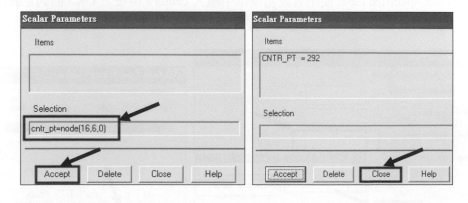

3. 定義時間歷史變數

依序點選主功能表上的 TimeHist Postpro＞Define Variables，在對話框中按下 Add 新增時間歷史變數，再按下 OK 接受預設的 Nodal DOF result 節點位移結果，如下圖所示。

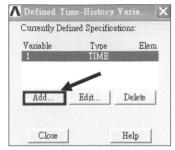 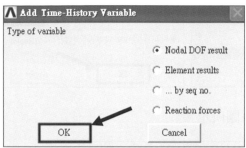

接著點選如下圖左所示之中心點，編號為 292，再按下 OK。

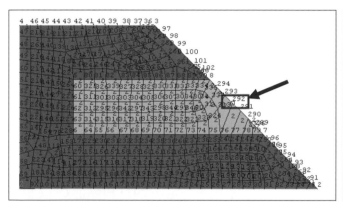 

接著在 User-specified label 使用者說明欄位中輸入 center，再按下 OK。回到定義時間歷史變數對話框，已經新增了變數 2，按下 Close 關閉對話框，如下圖所示。

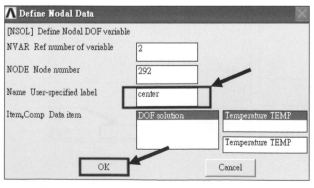 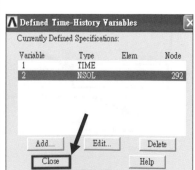

4.　繪製溫度相對時間圖

依序點選主功能表上的 TimeHist Postpro＞Graph Variables，1st variable to graph 輸入 2 再按下 OK，系統將以中心點變數的資料，繪製溫度相對時間圖，如下圖所示。

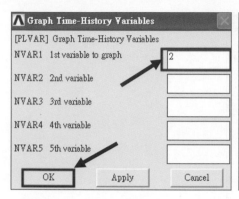
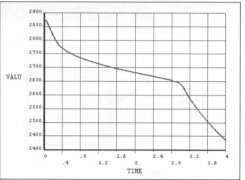

依序點選主功能表上的 General Postproc＞Read Results＞First Set 讀取第一組結果，點選下拉式功能表中的 PlotCtrls＞Numbering…，取消勾選 Node numbers、Elem/Attrib numberung 設為 No numbering、Replot upon OK/Apply 設為 Do not replot，完成後按下 OK。

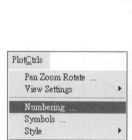
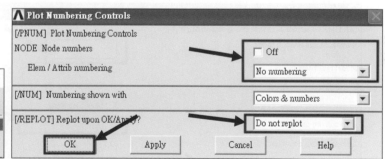

點選下拉式功能表中的 Plot＞Elements。

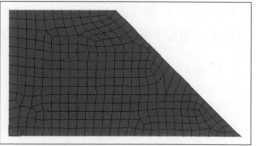

5. 設定不均勻輪廓範圍

點選下拉式功能表中的 PlotCtrls＞Style＞Contours＞Non_uniform Contours 不均勻輪廓指令，接著依序輸入輪廓值 V1 = 2643，V2 = 2750，V3 = 3000，再按下 OK。

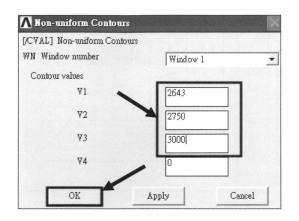

6. 圖示等值資料曲線動態圖

點選下拉式功能表中的 PlotCtrls ＞ Animate ＞ Over Time，接著在 Number of animinatoin frames 輸入 30，Auto contour Scaling 不要勾選設為 Off，再按下 OK。

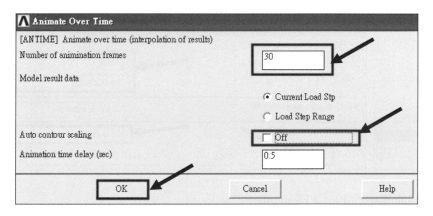

在整個動態圖中，有 3 種顏色，紅色代表 2750°F以上，綠色代表 2643°F到 2750°F之間，藍色代表 2643°F以下，如左下圖所示；點選 Close 關閉動態圖如右下圖所示。

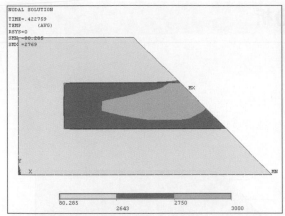 

7. 更改不均勻輪廓範圍

於下圖所示處輸入/CVAL，這樣的輸入可以使先前設定的不均勻輪廓值，全部爲 0，
再按下鍵盤的 Enter 鍵。

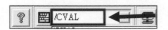

8. 圖示等值資料曲線動態圖

點選下拉式功能表中的 PlotCtrls＞Animate＞Over Time，同先前的設定，按下 OK；
結果如下圖所示。

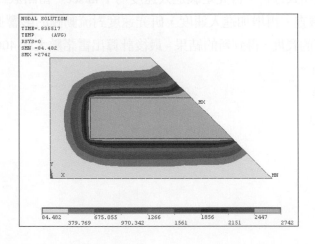

範例 3 流體之層流與紊流分析

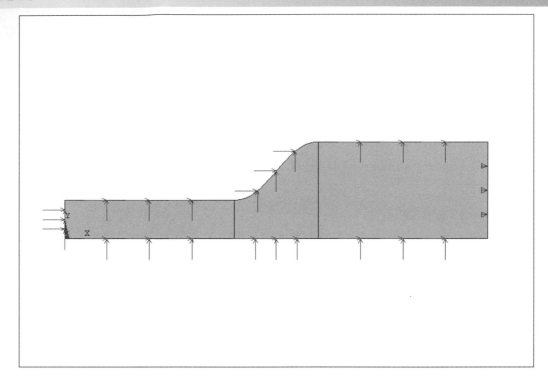

問題：這是一個 2D 輸送管的空氣流模式分析，首先定義進入速度為 1 in/sec，雷諾數為 90 進行層流分析，得到結果並檢查。再增加進入速度，研究速度對流動圖的影響並得到新的結果。之後增加輸送管的長度，得到新的結果。最後計算出雷諾數大於 4000，所以重新以紊流模式進行分析。

條件：空氣密度 1.21×10^{-7} (lbf-s^2/in^4)

空氣黏度 2.642×10^{-9} (lbf-s/in^2)

出口處壓力 0 psi

一、喜好設定

執行主功能表 Preferences，勾選 FLOTRAN CFD 流力與計算流體動力分析，再按下 OK 確定。

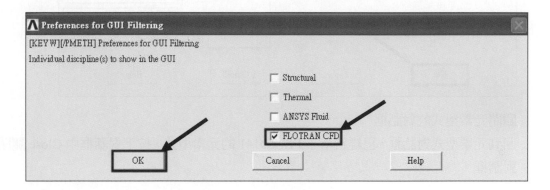

二、定義元素

1. 新增元素形式

   執行主功能表 Preprocessor＞Element Type＞Add/Edit/Delete，在對話框中按下 Add 新增元素型式。

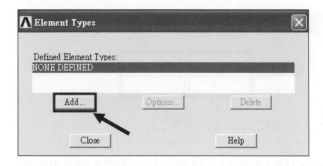

2. 定義元素形式

   先選取元素為 FLOTRAN CFD，接著選擇 2D FLOTRAN FLUID141，之後按下 OK 確定，完成元素型式選擇。

3. 關閉元素型式的對話框

回到元素型式對話框，已經新增了 FLUID141 的元素型式，按下對話框中 Close 關閉
對話框。

三、繪製幾何圖形

1. 建立長方形

執行主功能表 Preprocessor＞Modeling＞Create＞Rectangle＞By Dimensions，接著輸
入座標點 X1 = 0，X2 = 4，Y1 = 0，Y2 = 1，完成輸入後按下 Apply 完成入口區之長
方形。

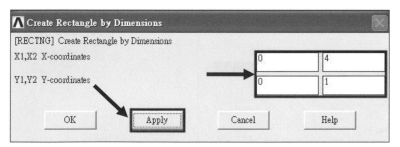

接著依序輸入 X1=6，X2=10，Y1=0，Y2=2.5，再按下 OK 確定，完成出口區之長方
形。

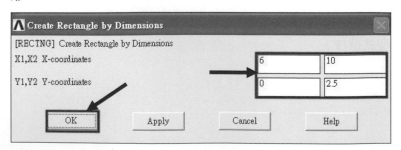

2. 建立平滑曲線

執行主功能表 Preprocessor＞Modeling＞Create＞Lines＞Tan to 2 Lines，接著依序點選線段、再按下對話框中 OK 確定，點選端點，再按下對話框中 OK 確定，如下圖所示。

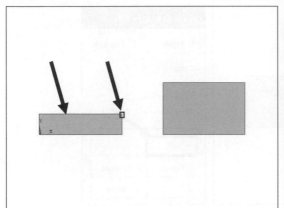

再依序點選線段、再按下對話框中 OK 確定，點選端點，再按下對話框中 OK 確定；完成平滑曲線，再按下對話框中 Cancel 關閉對話框。

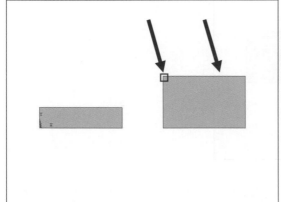

3. 建立平面

執行主功能表 Preprocessor＞Modeling＞Create＞Areas＞Arbitrary＞Through KPs，接著依逆時鐘順序點選，再按下對話框中 OK 確定。

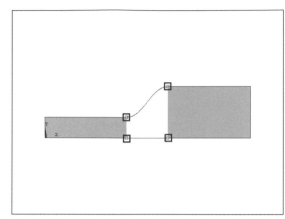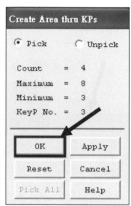

完成過渡區，如下圖所示。

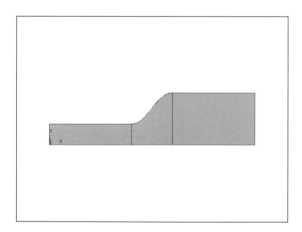

四、分格

1. 顯示線段

執行下拉式功能表中 Plot＞Lines。系統將顯示圖形之線段特徵。

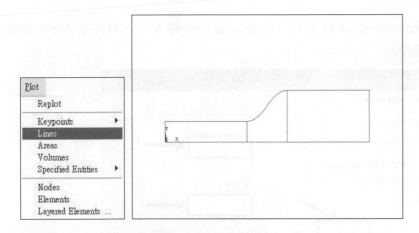

2. 分格設定

執行主功能表 Preprocessor＞Meshing＞Mesh Tool，接著按下 Lines 之 Set 設定線段，如左下圖所示。接著點選右下圖中示之兩條線段。

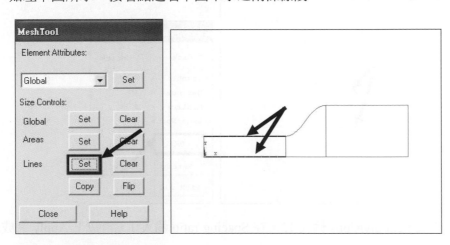

再按下對話框中 OK 確定。

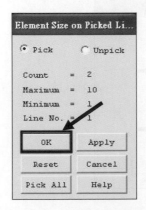

在 No. of element divisions 輸入 15，在 Spacing ratio 輸入−2，再按下 Apply 完成線段分格，如下圖所示。

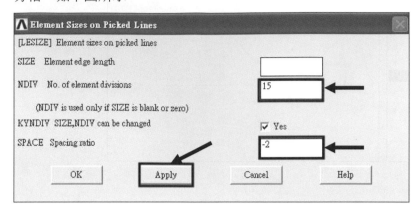

點選左下圖所示之 2 條線段，再按下對話框中 OK 確定。

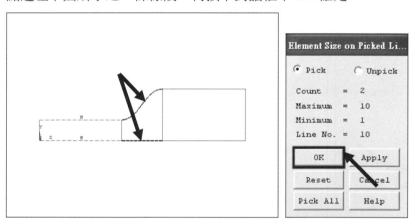

在 No. of element divisions 輸入 12，在 Spacing ratio 輸入 1，再按下 Apply 完成線段分格。

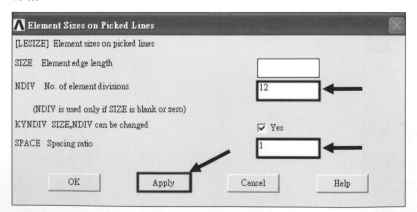

點選左下圖所示之 2 條線段，再按下對話框中 OK 確定。

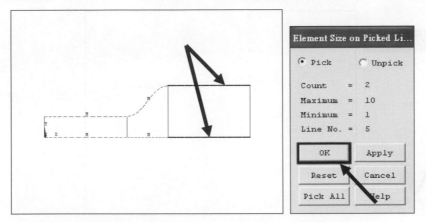

在 No. of element divisions 輸入 15，在 Spacing ratio 輸入 3，再按下 OK 完成線段分格。

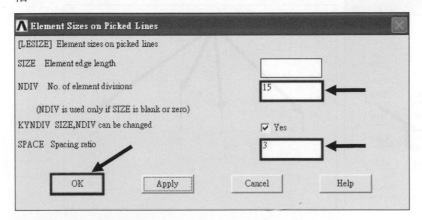

按下 Lines 之 Flip 翻轉，接著點選右下圖所示之線段。

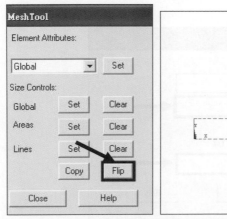
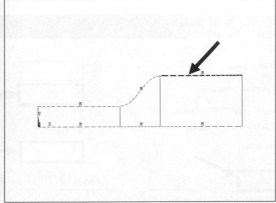

再按下對話框中 OK 確定，線段翻轉完成，如右下圖所示。

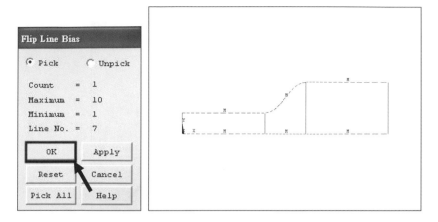

按下 Lines 之 Set 設定線段，如左下圖所示，接著點選右下圖所示之 4 條線段。

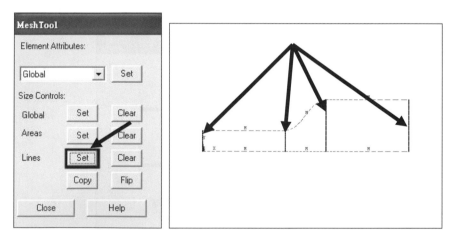

在 No. of element divisions 輸入 10，在 Spacing ratio 輸入 −2，再按下 OK，線段分格
完成。

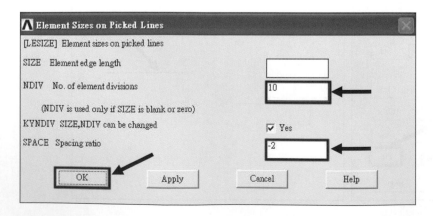

3. 進行分格

完成元素尺寸定義後，再來將物件分格，點選 Shape 之 Mapped 之選項，按下 Mesh Tool
框中 Mesh 按鈕，如左下圖所示；再按下對話框中 Pick All 按選擇全部，如右下圖所
示。

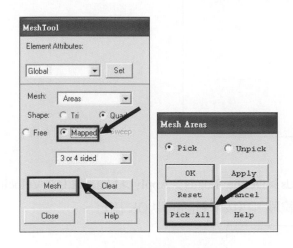

系統將自動完成分格，如右下圖所示；按下 Mesh Tool 框中 Close 關閉對話框，如左
下圖所示。

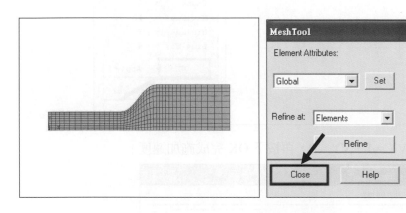

五、限制邊界條件

1. 顯示線段

   執行下拉式功能表中 Plot＞Lines，系統將顯示圖形之線段特徵。

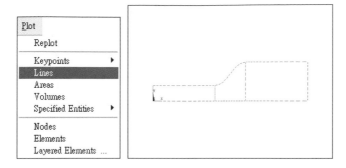

2. 施加速度

   執行主功能表 Preprocessor＞Loads＞Define Loads＞Apply＞Fluid/CFD＞Velocity＞On Line，接著點選左下圖所示之線段，再按下對話框中 OK 確定。

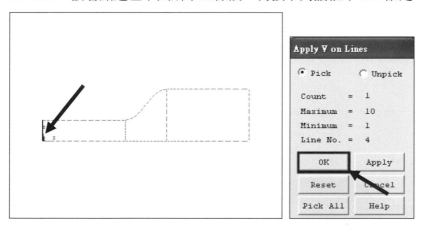

   接著依序輸入 VX＝1，VY＝0，再按下 OK 完成施加速度。

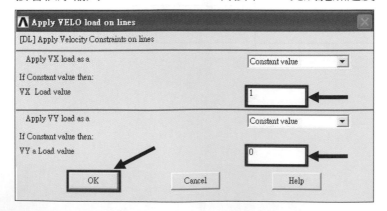

執行主功能表 Preprocessor＞Loads＞Define Loads＞Apply＞Fluid/CFD＞Velocity＞On Line，點選左下圖所示之 6 條線段，再按下 OK 確定。

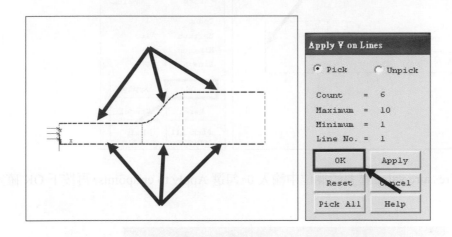

接著依序輸入 VX＝0，VY＝0，再按下 OK 完成施加速度。

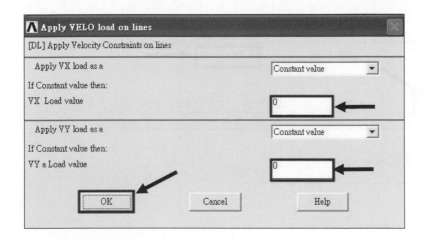

3. 施加壓力自由度

執行主功能表 Preprocessor＞Loads＞Define Loads＞Apply＞Fluid/CFD＞Pressure DOF＞On Lines，接著點選左下圖所示之線段；再按下對話框中 OK 確定，如右下圖所示。

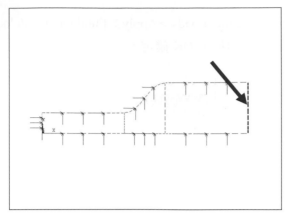
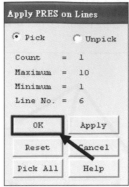

接著在 Pressure value 壓力值欄位中輸入 0，勾選 Apply to endpoints，再按下 OK 確定，如下圖所示。

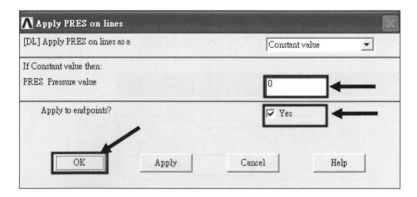

邊界條件設定完成圖。

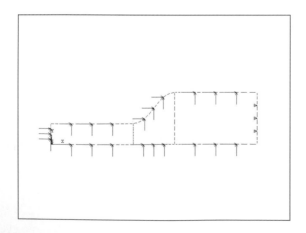

六、環境設定

1.　設定流體性質

執行主功能表 Solution＞FLOTRAN Set Up＞Fluid Properties，接著在 Density 密度及 Viscosity 黏度之選項中，選擇 AIR-IN 已建立的空氣性質之選項，再按下 OK 確定，再按下 OK 完成設定，如下圖所示。

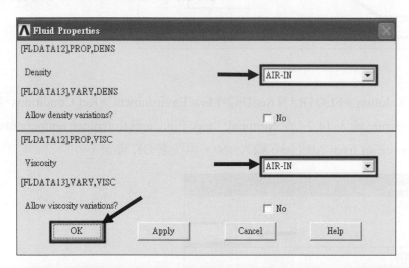

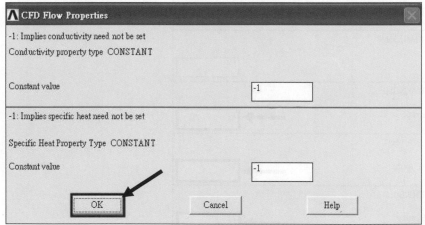

2.　計算次數設定

執行主功能表 Solution＞FLOTRAN Set Up＞Execution Ctrl，接著在 Global iterations 輸入 40，40 次的總體重複是隨意輸入的，並不保證收斂，再按下 OK 確定。

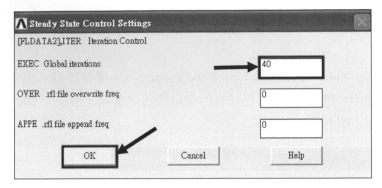

3. 改變參考條件

執行主功能表 Solution＞FLOTRAN Set Up＞Flow Environment＞Ref Conditions，接著
在 Reference pressure 輸入 14.7，在 Nominal, Stagnation, and Reference temperatures 輸
入 70，在 Temp offset from ABS zero 輸入 460，再按下 OK 確定。

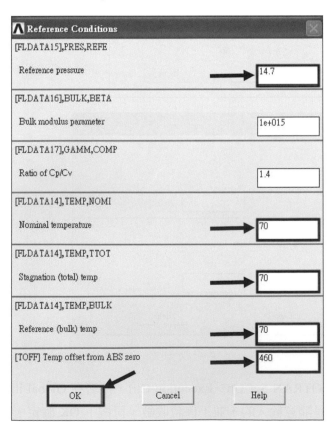

七、執行流體分析(層流分析)

執行分析：

執行主功能表 Solution＞Run FLOTRAN，分析完畢後，在訊息視窗中提示計算完成，按下 Close 關閉將其關閉。

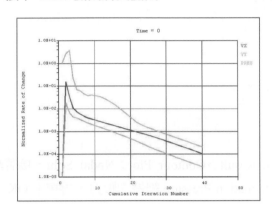

八、後處裡

1. 設定分析最後一個解

    執行主功能表 General Postproc＞Read Results＞Last set 最後一組結果指令。

2. 繪製速度向量圖

    執行主功能表 General Postproc＞Plot Results＞Vector Plot＞Predefined，接著點選 DOF solution 自由度解之 Velocity V 速度，再按下 OK 完成速度向量圖。

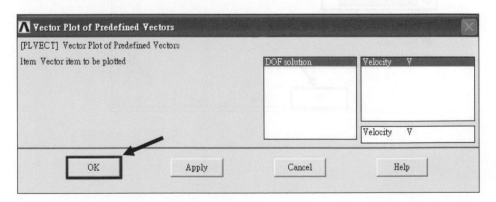

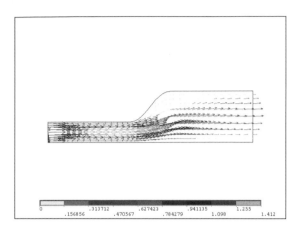

3. 繪製總壓力分佈圖

執行主功能表 General Postproc＞Plot Result＞Contour Plot＞Nodal Solu，接著點選 Other FLOTRAN Quantities 之 Total stagnation Pressure 總停滯壓力，再按下 OK 完成總停滯壓力分佈圖。

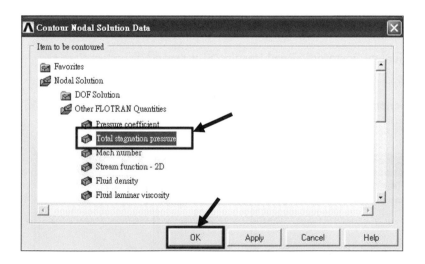

Total stagnation Pressure 圖。

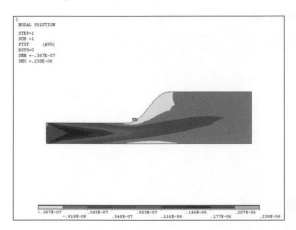

4. 定義軌跡圖

執行主功能表 General Postproc＞Plot Results＞Defi Trace Pt，接著點選左下圖所示之點，在入口區點選 2 或 3 點，並且沿著過渡區的上壁點選 1 或 2 點，附近即可，如左下圖所示；再按下對話框中 OK 確定，如右下圖所示。

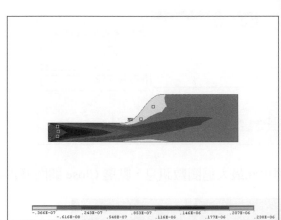

5. 動態圖示流體軌跡圖

執行下拉式功能表中 PlotCtrls＞Animate＞Particle Flow。

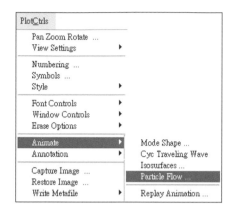

接著點選 DOF Solution 之 Velocity VX，再按下 OK 確定。

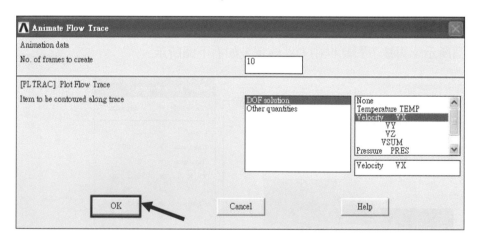

執行時將出現警告訊息，可以不理會此最大迴圈數訊息，點選 Close 關閉警告訊息。

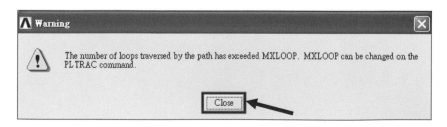

系統將顯示動態流體軌跡圖，點選 Close 關閉，系統將關閉動態流體軌跡圖。

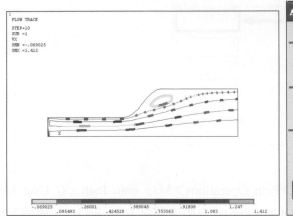

6. 路徑運算

執行主功能表 General Postproc＞Path Operations＞Define Path＞By Nodes，接著先點選出口區右下方之點，再點選右上方之點，如左下圖所示；再按下對話框中 OK 確定，如右下圖所示。

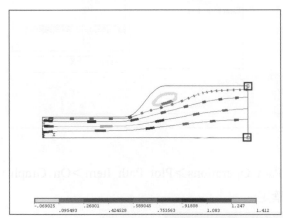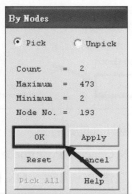

在 Define Path Name 定義路徑名稱欄位中輸入 OUTLET，再按下 OK 確定；再按下統計視窗右上方 ✕ 將其關閉視窗。

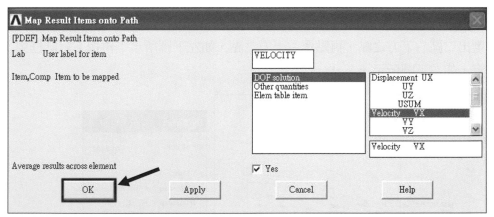

7.   對應至路徑設定

執行主功能表 General Postproc＞Path Operations＞Map onto Path，在 User label for item 輸入 VELOCITY，再點選 DOF Solution 自由度解之 Velocity VX，再按下 OK 確定。

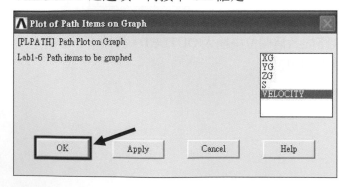

8.   繪製速度穿越外部的路徑圖

執行主功能表 General Postproc＞Path Operations＞Plot Path Item＞On Graph，點選 VELOCITY 之選項，再按下 OK 確定。

結果路徑圖顯示流動幾乎是完全發展層流的外形，曲線看起來相當對稱且有拋物線的外形。

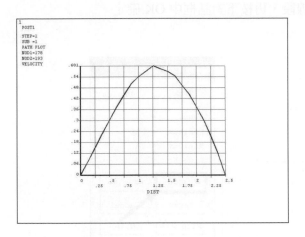

九、增加入口速度

1. 顯示線段

   執行下拉式功能表中 Plot＞Lines，系統將顯示圖形之線段特徵。

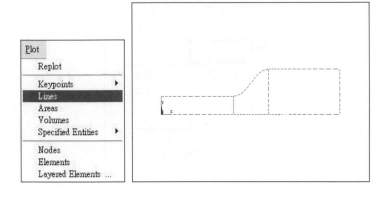

2. 施加速度

執行主功能表 Solution＞Loads＞Define Loads＞Apply＞Fluid/CFD＞Velocity＞On Line，接著點選左下圖所示之線段，再按下對話框中 OK 確定。

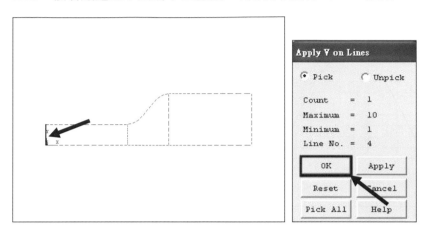

接著依序輸入 VX = 50，VY = 0，再按下 OK 完成施加速度。

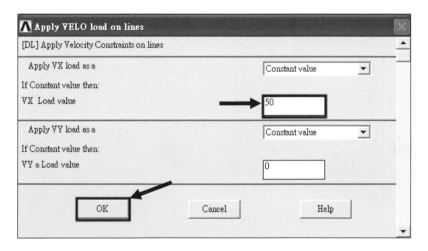

3. 改變工作名稱

執行下拉式功能表中 File＞Change Jobname，如左下圖所示；執行時將出現警告訊息，系統提示改變工作名稱必須先結束解，點選 Close 關閉警告訊息，如右下圖所示。

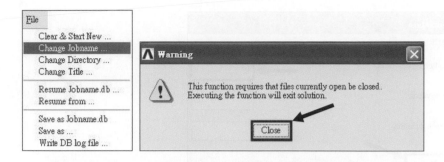

接著在 Enter new jobname 輸入新的工作名稱欄位中輸入 newVelocity，如下圖所示。

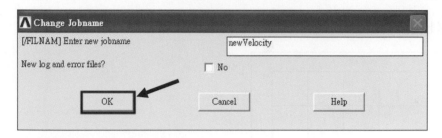

十、執行流體分析(增加入口速度)

1. 執行流體分析
    重複步驟七、執行流體分析，出現警告畫面，因為軟體預設使用 Streamline Upwind/Petrov-Galerkin(SUPG)數值方法計算，計算結果比較準確，但此數值方法在此會出現異常也可能答案無法收斂；因此，必須修正鬆弛係數後再進行分析，按下 Proceed 關閉視窗。

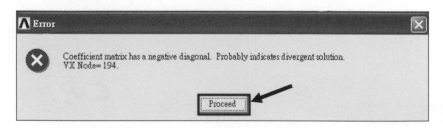

2. 修正鬆弛係數
    執行主功能表 Solution＞FLOTRAN Set up＞Relax/Stab/Cap＞MIR Stabilizatio，在對話方框中的 Momentum Equation 輸入 0.1，再按下 OK 關閉視窗。

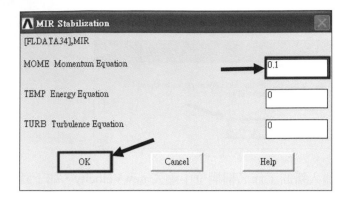

3. 重複步驟七、執行流體分析。

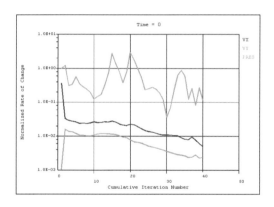

4. 重複步驟八、後處裡

向量速度圖,如左下圖所示;流體軌跡圖,如右下圖所示。

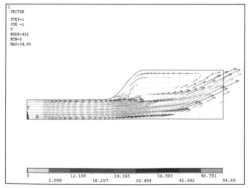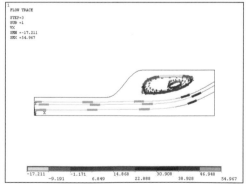

總壓力分佈圖，如左下圖所示；結果路徑圖顯示曲線偏斜向出口的一端，這表示流動還沒完全發展，如下圖所示。

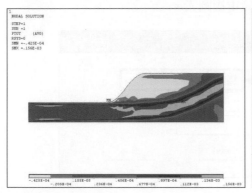

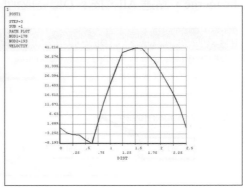

十一、增加出口區長度

1. 刪除壓力邊界條件

    執行主功能表 Preprocessor＞Loads＞Define Loads＞Delete＞Fluid/CFD＞Pressure DOF＞On Lines，再按下對話框中 Pick All 選擇全部，系統將會將全部的壓力邊界條件刪除。

2. 增加額外的出口區長度

    執行主功能表 Preprocessor＞Modeling＞Create＞Area＞Rectangle＞By Dimensions，接著輸入座標點 X1 = 10，X2 = 40，Y1 = 0，Y2 = 2.5，完成輸入後按下 OK 完成入口區之長方形。

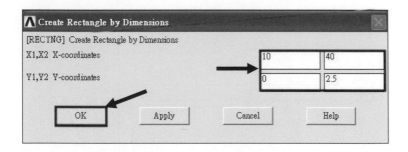

3. 刪除重複圖素

執行主功能表 Preprocessor＞Numbering Ctrls＞Merge Items，接著在 Type of item to be merge，點選 All，按下 OK 完成消除重複圖素。

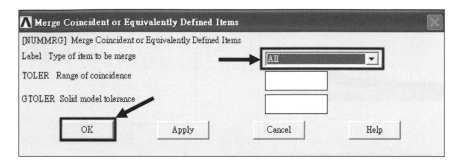

系統出現警告訊息，點選 Close 關閉警告訊息。

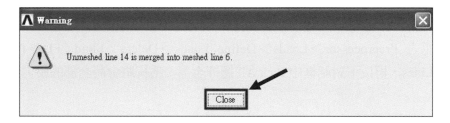

4. 顯示線段

執行下拉式功能表中 Plot＞Lines，系統將顯示圖形之線段特徵。

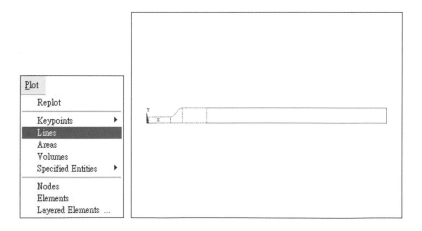

5. 分格設定

執行主功能表 Preprocessor＞Meshing＞Mesh Tool，接著按下 Lines 之 Set 設定線段，如左下圖所示，接著點選右下圖中示條線段。

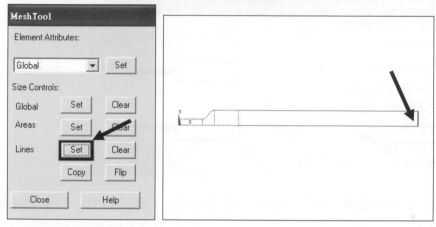

再按下 OK 確定，在 No. of element divisions 輸入 10，在 Spacing ratio 輸入 -2，再按下 Apply，線段分格完成。

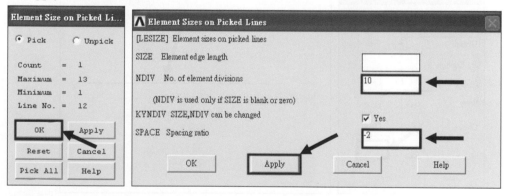

接著點選左下圖所示之線段，再按下對話框中 OK 確定，如右下圖所示。

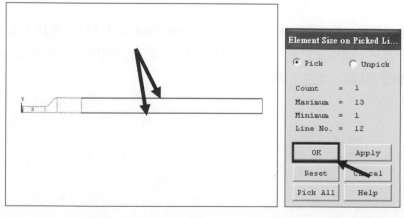

在 No. of element divisions 輸入 20，在 Spacing ratio 輸入 3 再按下 OK，線段分格完成。

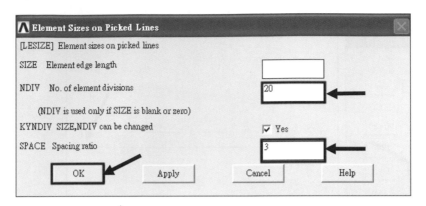

按下 Lines 之 Flip 翻轉，如左下圖所示；接著點選右下圖所示之線段，再按下對話框中 OK 確定。

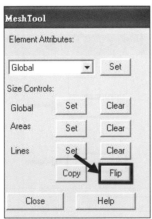
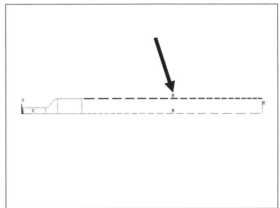

6. 進行分格

完成元素尺寸定義後，再來將物件分格，按下 Mesh Tool 框中 Mesh 按鈕，如左下圖所示；接著點選左下圖所示之面。再按下 OK 確定，如右下圖所示；按下 Mesh Tool 框中 Close 關閉對話框，如左下圖所示。

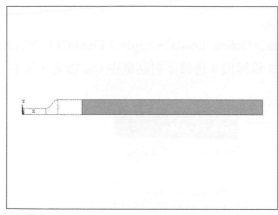 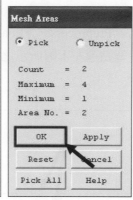

系統自動分格完成，如下圖所示。

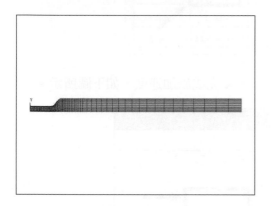

十二、限制邊界條件

1. 顯示線段

    執行下拉式功能表中 Plot＞Lines 顯示線段指令，如左下圖所示；系統將顯示圖形之
    線段特徵，如右下圖所示。

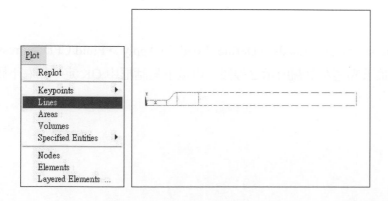

2. 施加速度

執行主功能表 Preprocessor＞Loads＞Define Loads＞Apply＞Fluid/CFD＞Velocity＞On Line，接著點選左下圖所示之 2 條線段；再按下對話框中 OK 確定，如右下圖所示。

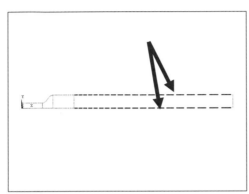 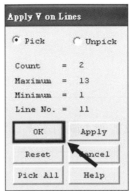

接著依序輸入 VX＝0，VY＝0，再按下 OK 完成施加速度，如下圖所示。

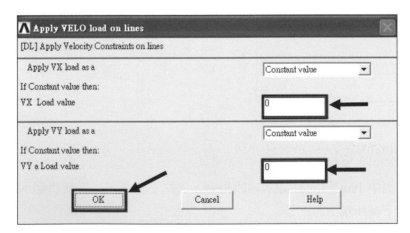

3. 施加壓力自由度

執行主功能表 Preprocessor＞Loads＞Define Loads＞Apply＞Fluid/CFD＞Pressure DOF＞On Lines，接著點選左下圖所示之線段，再按下對話框中 OK 定，如右下圖所示。

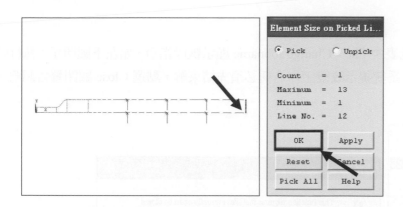

接著在 Pressure value 壓力值欄位中輸入 0，勾選 endpoints 端點之選項，再按下 OK 確定。

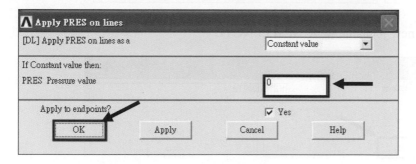

4. 顯示線段

執行下拉式功能表中 Plot＞Lines 顯示線段指令，如左下圖所示；系統將顯示圖形之線段特徵，如右下圖所示。

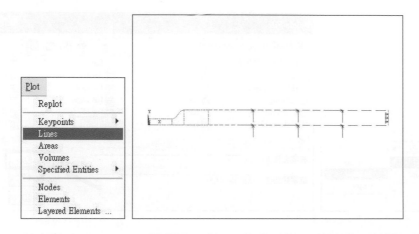

5. 更改工作名稱

執行下拉式功能表中 File＞Change Jobname 顯示線段指令，如左下圖所示；執行時將出現警告訊息，系統提示改變工作名稱必須先結束解，點選 Close 關閉警告訊息，如右下圖所示。

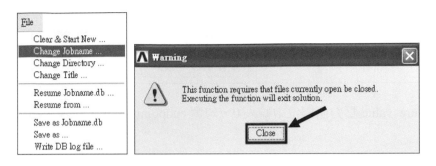

接著在 Enter new jobname 輸入 NEWLENGTH。

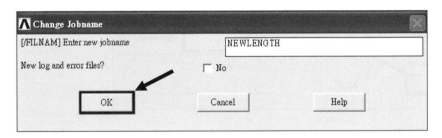

6. 刪除檔案

執行下拉式功能表中 File＞File Operations＞Delete。

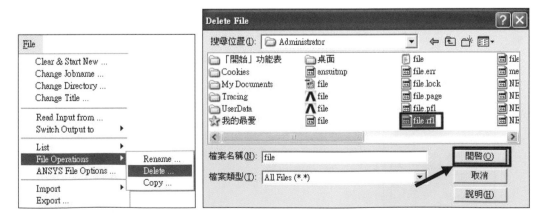

刪除結果檔案以開始一個新的分析，點選 C:\槽，再點選 file.rtl，按下確定鈕完成刪除結果檔案。

7. 重複步驟七、執行流體分析。

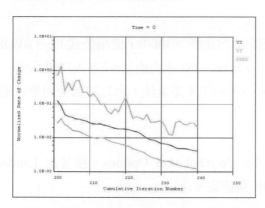

8. 重複步驟八、後處理

速度向量圖，如左下圖所示；總停滯壓力分佈圖，如右下圖所示。

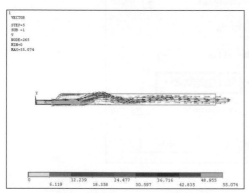 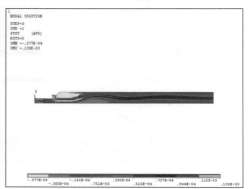

動態流體軌跡圖，如左下圖所示。結果路徑圖顯示流動幾乎完全發展，但是偏斜向出口的一邊，如右下圖所示。自從增加如此大的速度以來，我們或許是於紊流的方式中。因此應該檢查雷諾數，確定流動是否於紊流中。

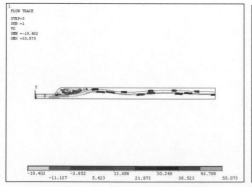 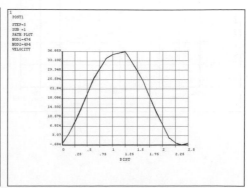

十三、紊流分析

1. 計算雷諾數

   計算雷諾數為了決定分析確實在紊流區域(雷諾數＞3000)，使用公式 $Re = \rho VDh/\mu$，ρ 密度= 1.21×10^{-7} lbf-s^2/in^4、V 速度= 50 in/sec、Dh 水力直徑= 2× 入口區高度= 2 in、μ 黏度= 2.642×10^{-9} lbf-s/in^2，雷諾數= 4579.86374 是紊流，所以重新使用紊流模式進行分析。

2. 定義結果之選項

   執行主功能表 Solution＞FLOTRAN Set Up＞Solution Options，接著在 Laminar or turbulent 中點選 Turbulent，再按下 OK 鈕確定。

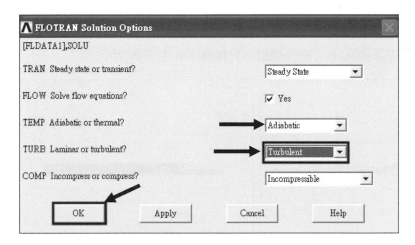

3. 重複步驟七、執行流體分析。

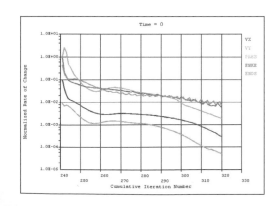

4. 重複步驟八、後處理

速度向量圖，如左下圖所示；總停滯壓力分佈圖，如右下圖所示。

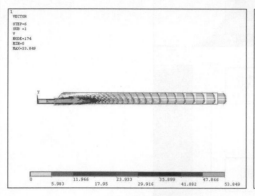 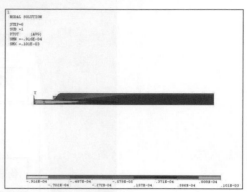

動態流體軌跡圖，如左下圖所示；結果路徑圖，如下圖所示；使用紊流模式分析時，流動看起來完全發展並且路徑圖頂端出現平坦的，如右下圖所示。

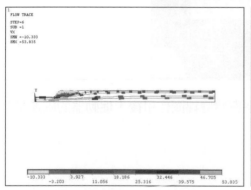 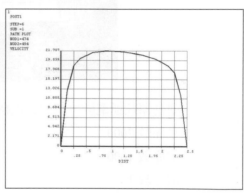

範例 4 電磁分析

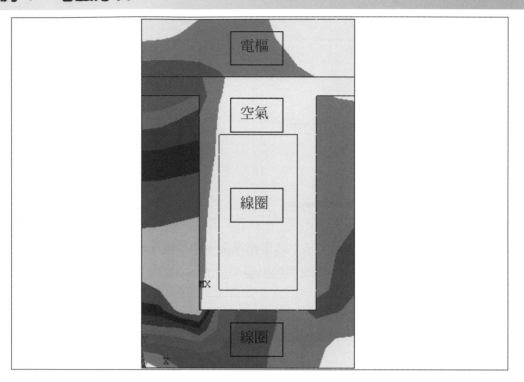

問題：一螺線管促動器在通電後，試分析電樞與感應線圈作用後，促動器的磁通量分佈。

條件：電樞的介電係數 2000

　　　線圈的介電係數 1000

　　　空氣的介電係數 1

　　　電磁密度 $325 \div 0.01^2 (m^2)$

一、系統環境設定

1. 載入檔案

   執行下拉式功能表 File＞Read Input form，將檔案從 Program Files\Ansys Inc\V120\ ANSYS\data\models\solenoid.inp 載入。

   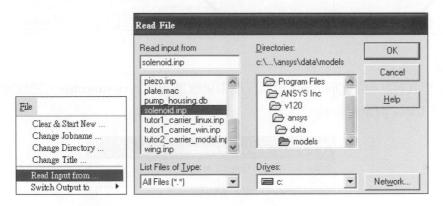

2. 指定分析模式

   執行主功能表中 Preferences，在設定對話框中，指定分析為 Magnetic-Nodal，再按下 OK 確定。

   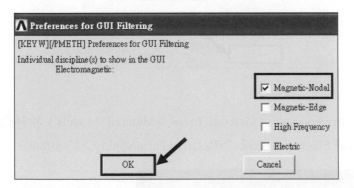

二、定義元素種類及材料性質

1. 新增元素型式

   依序點選主功能表上的 Preprocessor＞Element Type＞Add/Edit/Delete，接著在對話框中按下 Add 新增元素型式，先選取元素為 Magnetic Vector 接著選擇 Quad 4 node 13，按下 OK 完成。

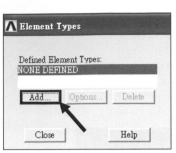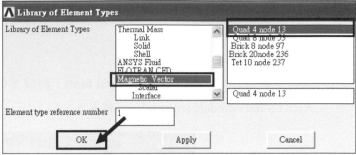

2. 元素設定

按下元素型式對話框中 Options，於第三欄中更改選項為 Axisymmetric，完成後按下 OK，按下 Close 關閉對話框。

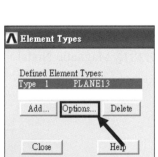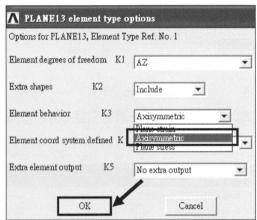

3. 設定材料性質

依序點選主功能表上的 Preprocessor＞Material Props＞Material Models，於材料性質設定對話框右側依序點選 Electromagnetics＞Relative Permeability＞Constant。

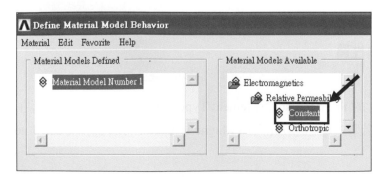

完成點選後，接著在對話框中 MURX 輸入 1，完成後按下 OK。

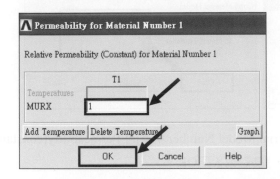

在材料性質設定對話框內的主工具列選擇 Edit＞Copy，按下 OK。

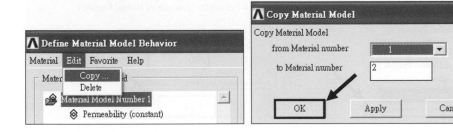

在材料性質設定對話框內選擇 Material Model Number 2 下的 Permeability(constant)，
接著在對話框中 MURX 輸入 1000，完成後按下 OK。

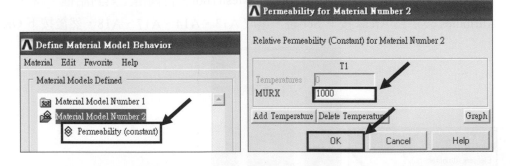

在材料性質設定對話框內的主工具列選擇 Edit＞Copy，確認第一欄為 1，第二欄為 3，
按下 OK；以同樣步驟選擇 Edit＞Copy，確認第一欄為 2，第二欄為 4，按下 OK。

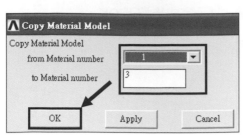
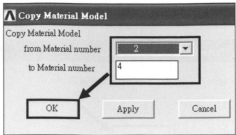

在材料性質設定對話框內選擇 Material Model Number 4 下的 Permeability(constant)，接著在對話框中 MURX 輸入 2000，完成後按下 OK。

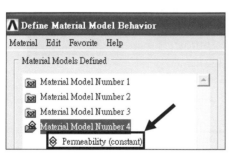
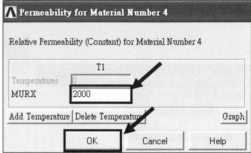

三、分格

1. 面的材料設定

執行主功能表 Preprocessor＞Meshing＞MeshTool，在網格工具對話框，將 Element Attributes 設定為 Areas 按下 Set 鈕，選取 A13、A14、A17、A18，然後按下 OK。

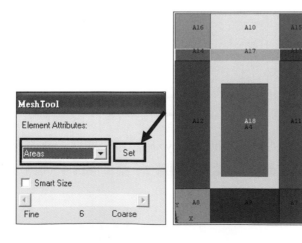

選擇 Material number 為 1，之後按下 Apply。

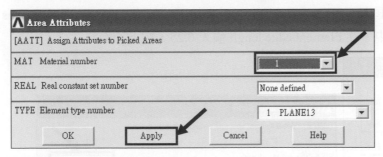

以同樣步驟設定 A7、A8、A9、A11、A12，Material number 為 2。

以同樣步驟設定 A4，Material number 為 3。

以同樣步驟設定 A10、A15、A16，Material number 為 4。

2. 分格

執行主功能表 Preprocessor ＞ Meshing ＞ MeshTool，在網格工具對話框，將 Size Controls 下的 Lines 按下 Set 鈕，選取圖所示之線段，然後按下 OK。

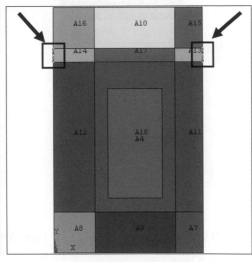

將元素尺寸對話框中 No. of element divisions 欄位輸入 2，將線段分成兩個元素，輸入後按下 OK。

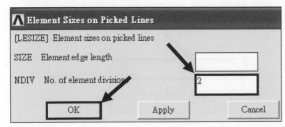

3. 設定全域網格尺寸

在網格工具對話框中 Size Controls 下的 Global 按下 Set，在 Global Element Sizes 全域元素尺寸對話框中，在 Element edge lengh 輸入 0.25，按下 OK。

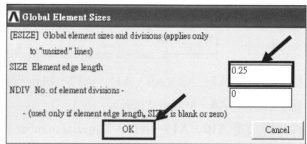

4. 進行分格

執行網格工具對話框中 Mesh，按下 Pick All，按下 close 網格工具關閉。

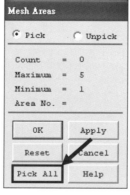

5. 顯示材料編號

執行下拉式功能表中 PlotCtrls＞Numbering，將 Elen/Attrib numbering 設定為 Material numbers，完成後按下 OK。

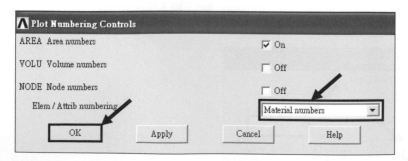

6. 轉換單位

依序點選主功能表上的 Preprocessor＞Modeling＞Operate＞Scale＞Areas，按下 Pick All，將 RX、RY、RZ 分別設定為 0.01、0.01、1，將 IMOVE 設定為 Moved，按下 OK。

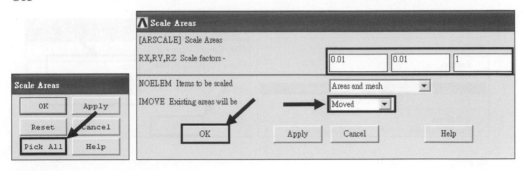

四、施加負載

1. 選擇元素圖素

執行下拉式功能表中 Select＞Entities，設定選取類型為 Elements→By Attributes→Material num，之後輸入材料編號 4，按下 OK。

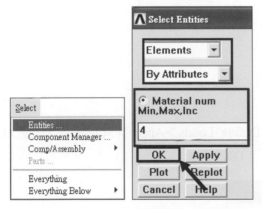

接著執行下拉式功能表 Plot＞Elements，系統顯示材料編號 4 號的元素。

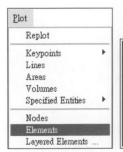

2. 建立電樞元件

執行下拉式功能表中 Select＞Comp/Assembly＞Create Component，在 Cname Component name 輸入 arm，將 Entity Component is made of 設定為 Elements，設定完成後按下 OK。

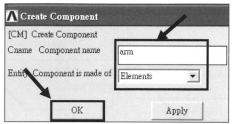

3. 選擇顯示所有圖素

執行下拉式功能表中 Select＞Everything，執行下拉式功能表 Plot＞Elements。

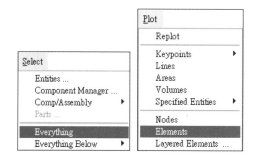

4. 施加電樞之磁力邊界條件

執行主功能表 Preprocessor＞Loads＞Define Loads＞Apply＞Magnetic＞Flag＞Comp. Force/Torque，選擇 ARM，選取後按下 OK。

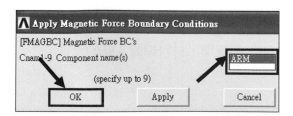

5. 定義電流密度

執行主功能表 Preprocessor＞Loads＞Define Loads＞Apply＞Magnetic＞Excitation＞ Curr Density＞On Areas，點選圖形中間的面，最後按下對話框中 OK 完成選取，接 著輸入電磁密度為 325/0.01**2(m^2)，之後按下 OK。

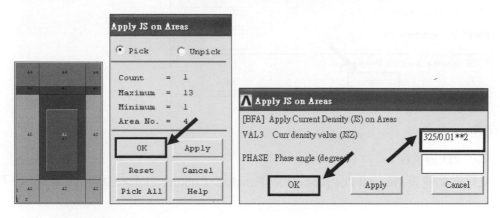

6. 定義磁通量之邊界範圍

執行主功能表 Preprocessor＞Loads＞Define Loads＞Apply＞Magnetic＞Boundary＞ Vector Poten＞Flux Par'l＞On Lines，選取圖形邊緣的全部線段，完成選取後按下 OK。

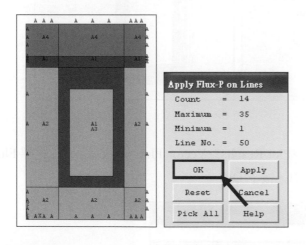

五、分析

1. 執行分析

執行主功能表 Solution＞Solve＞Electromagnet＞Static Analysis＞Opt & Solve，接按下 OK 開始進行分析，提示計算完成，按下 Close 將其關閉。

Magnetostatics Options and Solution

[MAGSOLV] Magnetostatics Options and Solution

Option Formulation option   MVP

NRAMP No. Ramp substeps -   3

- (Used only for nonlinear run, issue "-1" to ignore substeps)

CNVTOL CSG Convergence Tol.   0.001

NEQIT Max. equilibrium iter.   25

NOTE: Selecting OK will execute a solution

OK   Cancel

六、結果

1. 顯示 2D 通量線

執行主功能表 General Postproc＞Plot Results＞Contour Plot＞2D Flux Lines，按下 OK 完成設定。

Plot 2D Flux Lines

[PLF2D] Plot 2D Flux Lines

NCONT Number of contour lines   27

OLAY Edge outlines are based on   Material number

ANUM Highest mat'l or real num   10

WIN Window number   Window 1

OK   Apply   Cancel

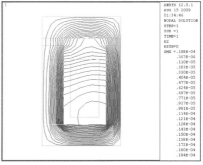

2. 顯示電磁變化方向

執行主功能表 General Postproc＞Plot Results＞Vector Plot＞Predefined，選擇 Flux & gradient，並選擇 Mag Fulx dens B，按下 OK。

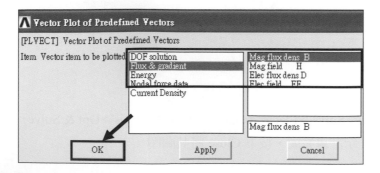

Vector Plot of Predefined Vectors

[PLVECT] Vector Plot of Predefined Vectors

Item Vector item to be plotted
- DOF solution
- Flux & gradient
- Energy
- Nodal force data
- Current Density

Mag flux dens B
Mag field H
Elec flux dens D
Elec field EF

Mag flux dens B

OK   Apply   Cancel

結果如下：

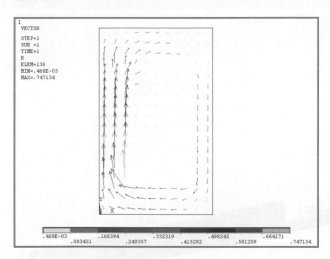

3. 顯示磁通量分佈圖

執行主功能表 General Postproc＞Plot Results＞Contour Plot＞Nodal Solu，選擇 DOF Solution 下的 Magnetic flux density vector sum 按下 OK。

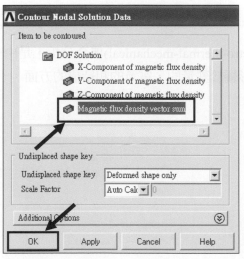

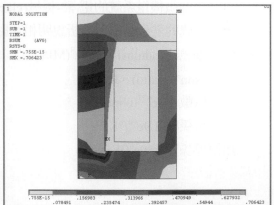

範例 5 微機電問題分析

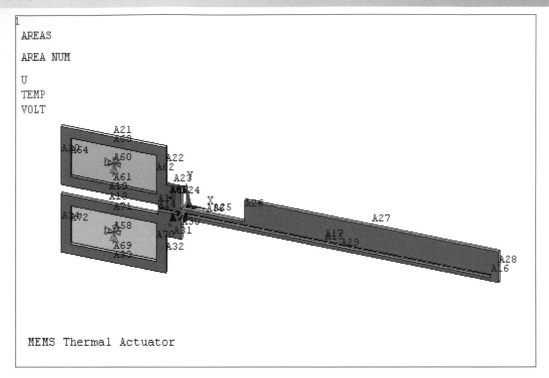

問題：這是一個微機電系統的電-熱-機械(electro-thermal-mechanical)偶合分析，是由多晶矽
組裝而成的熱致動器，分析說明相互影響於熱量的，電氣的和結構的方面。

條件：E(Young's Modulus) = $169e^3$(MPa)

v(Poisson's Ratio) = 0.22

電阻係數 $2.3e^{-11}$(ohm-μm)

熱膨脹係數 $2.9e^{-6}$(°K)

熱傳導係數 $150e^6$(W/m°K)

一、系統環境設定

載入檔案：

執行下拉式功能表 File＞Import＞IGES，接著點選 No defeaturing，再按下 OK。

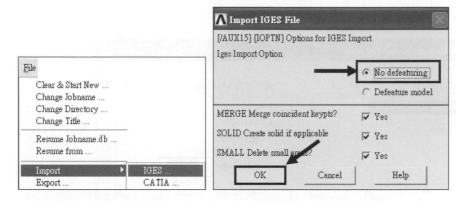

接著按下 Browse，點選 ProgramFiles\Ansys Inc\V120\ANSYS\data\models\actuator.iges
載入，再按下 OK 確定。

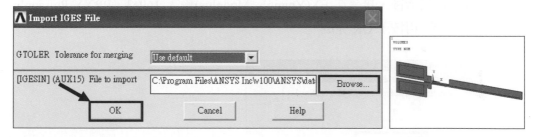

二、定義元素及材料

1. 執行主功能表 Preprocessor＞Element Type＞Add/Edit/Delete，接著按下 Add 新增元素
   型式，先取元素為 Coupled Field，接著選擇 Scalar Tet 98(SOLID98)，之後按下 OK
   確定。

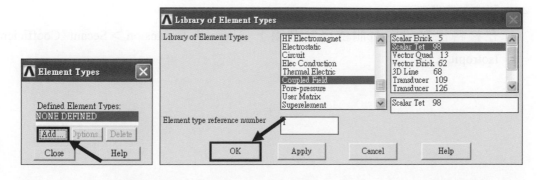

2. 關閉元素型式的對話框

    回到元素型式對話框，已經新增了 SOLID98 的元素，按下 Close 關閉對話框。

3. 設定材料性質

    執行主功能表 Preprocessor＞Material Props＞Material Models。在材料性質設定右側依序點選 Structural＞Linear＞Elastic＞Isotropic。

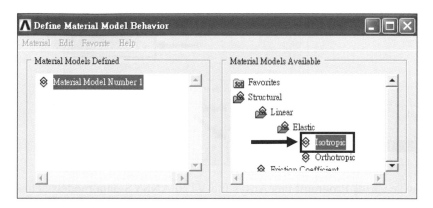

完成點選指令後，接著在 EX(Young's Modulus)輸入 169e3，PRXY(Poisson's Ratio)輸入 0.22，再按下 OK 完成。

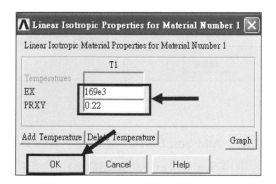

4. 設定熱膨脹係數

    在材料性質設定右側依序點選兩下 Thermal Expansion ＞ Secant Coefficient ＞ Isotropic。

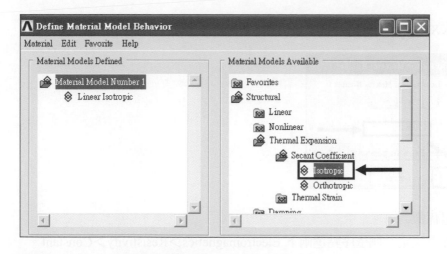

接著在 ALPX 熱膨脹係數輸入 2.9e-6，再按下 OK 完成。

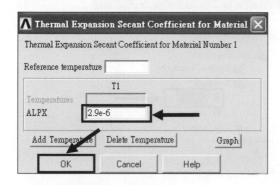

5. 設定熱傳導係數

在材料性質設定右側依序點選兩下 Thermal＞Conductivity＞Isotropic。

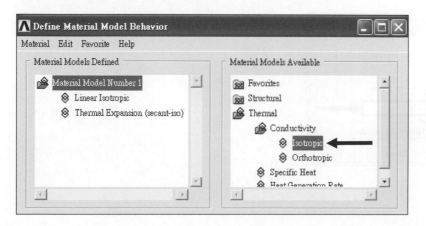

接著在 KXX 熱傳導係數輸入 150e6，再按下 OK 完成。

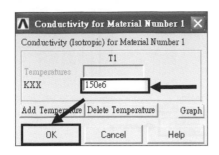

6. 設定電阻係數

在材料性質設定右側依序點選兩下 Electromagnetics＞Resistivity＞Constant。

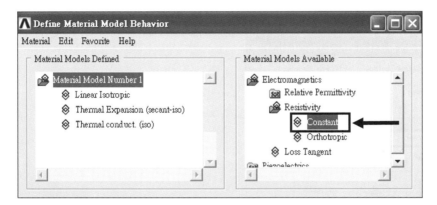

接著在 RSVX 輸入 2.3e-11，再按下 OK 完成；完成材料性質的設定後，離開材料性質設定。

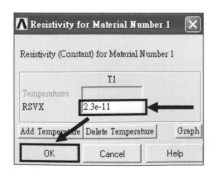

三、分格

進行分格：

執行主功能表 Preprocessor＞Meshing＞MeshTool，接著在 Size Controts 下，按下 Global 之 Set，將 SIZE Element edge lenght 設爲 18，按下 OK，最後按下 Mesh。

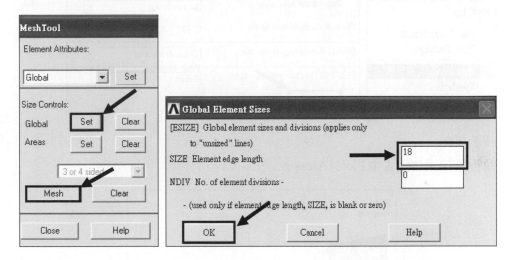

接著按下 Pick All，完成選取後，系統將自動進行分格；再點選網格工具中 Close 關閉。

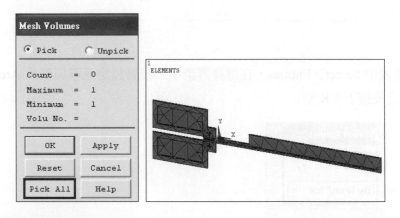

四、施加邊界條件

1. 設定顯示平面編號

    執行下拉式功能表中 PlotCtrls＞Numbering，接著勾選 Areas numbers，再按下 OK 確定。

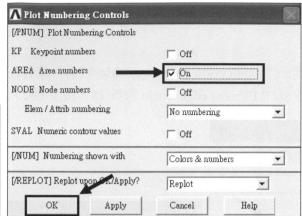

2. 圖示平面

執行下拉式功能表中 Plot＞Areas。

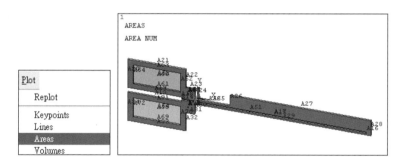

3. 選擇面圖素

執行下拉式功能表中 Select＞Entities，在選擇圖素中，接著設定選取類型為 Areas→
By Num/Pick，之後按下 OK。

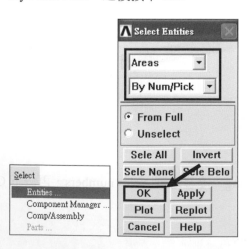

接著點選下圖左所示之兩個平面，點選時注意 Select areas 對話框中的 Area No.，上方的平面是 60，下方的平面是 58，如果點選錯誤可以按下 Reset，再按下 OK。

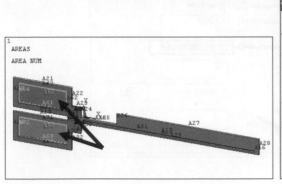
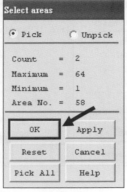

4. 夾持設定

執行主功能表 Solution > Define Loads > Apply > Structural > Displacement > On Areas，著點選 Pick All，這樣可以選擇上一步驟所設定的兩個平面；之後點選施加自由度方向 UX，選取完後按下 Apply。

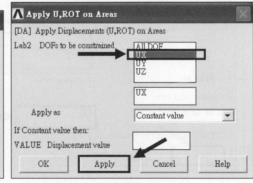

接著點選 Pick All，之後點選 UY，再按下 Apply。

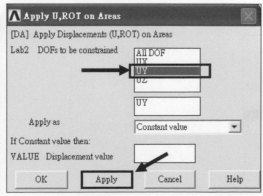

接著點選 Pick All，之後點選 UZ，再按下 OK。

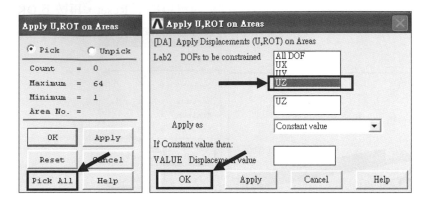

5. 設定溫度

執行主功能表 Solution＞Define Loads＞Apply＞Thermal＞Temperature＞On Areas，接著點選 Pick All，選擇 TEMP，接著在溫度值欄位中輸入 30，再按下 OK。

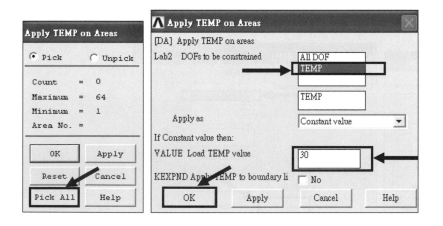

6. 選擇所有圖素

執行下拉式功能表中 Select＞Everything。

7. 施加電壓值

執行主功能表 Solution＞Define Loads＞Apply＞Electric＞Boundary＞Voltage＞On Areas，接著點選左下圖所示之平面，平面編號是 60，再按下 OK。

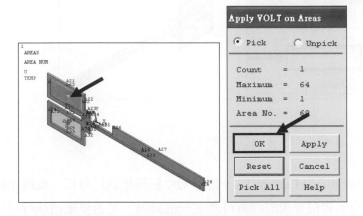

在電壓值欄位中輸入 5，再按下 Apply。

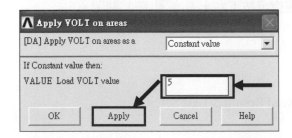

接著點選左下圖所示之平面，平面編號是 58，再按下 OK。

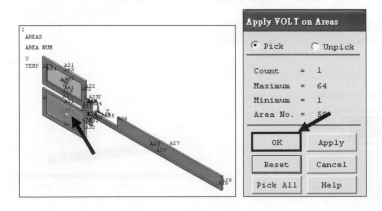

在電壓值欄位中輸入 0，再按下 OK。

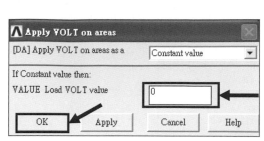

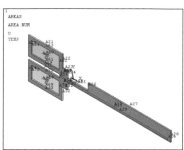

五、分析

執行分析：

依序點選主功能表上的 Solution＞Current LS，按下 OK 鈕開始執行分析。此時系統會出現一警告視窗，提醒使用者檢查讀取的資料產生一個錯誤，是否要繼續執行這個命令，按下視窗內是(Y)，系統將開始進行分析。分析完畢後會彈出訊息視窗提示計算已完成，按下 Close 將其關閉，統計視窗可按下右上方 ⊠ 將其關閉。

六、結果

1. 讀取最後一組結果

   執行主功能表 General Postproc＞Read Results＞Last Set。

2. 圖示溫度結果

   執行主功能表 General Postproc＞Plot Results＞Contour Plot＞Nodal Solu，在 DOF Solution 解之項目中，點選 Nodal Temperature，按下 OK 完成。

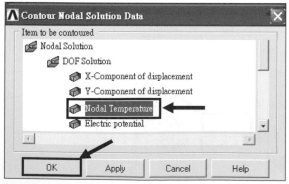

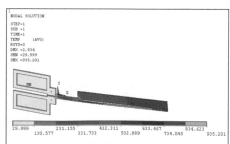

3. 圖示電壓結果

執行主功能表 General Postproc＞Plot Results＞Nodal Solution，在 DOF Solution 自由度解之項目中，點選 Electric potential，按下 OK。

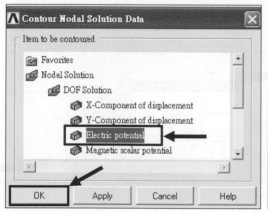 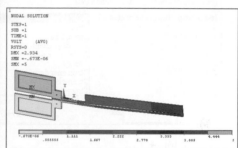

4. 圖示位移結果

執行主功能表 General Postproc＞Plot Results＞Nodal Solution，在 DOF Solution 自由度解之項目中，點選 Y-Component of displacement，按下 OK。

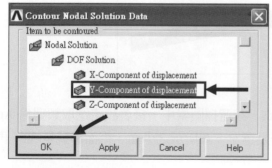 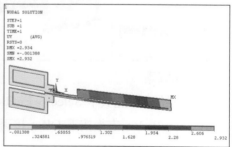

5. 動態圖示變形結果

執行下拉式功能表中 PlotCtrls＞Animate＞Deformed Results。

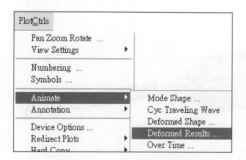

在 DOF Solution 之項目中,點選 Translation UY,按下 OK,動態圖示 Y 方向變形結果;再按下對話框中 Close 關閉動態圖。

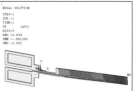

6. 圖示平面

執行下拉式功能表中 Plot>Areas。

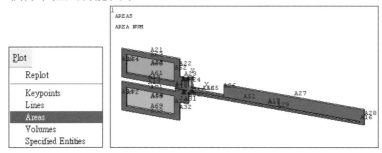

7. 選擇面圖素

執行下拉式功能表中 Select>Entities。在選擇圖素中,接著設定選取類型為 Areas→ By Num/Pick,之後按下 OK;接著點選左下圖所示之平面,平面編號是 58,再按下 OK 確定。

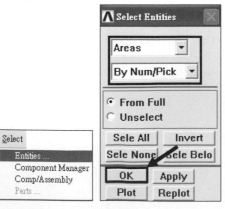

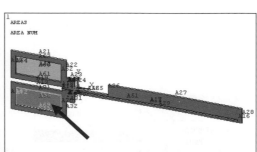

8. 選擇節點圖素

接著在選擇圖素設定選取類型為 Nodes→Attached to→Areas, all，之後按下 OK。

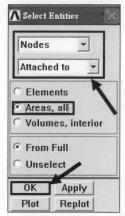

9. 列示熱流和電流

執行主功能表 General Postproc＞List Results＞Reaction Solu，接著點選 1st 10 items，再按下 OK。將捲軸拉至最下方，可以看見總熱流大概是 8.16e9 pW，總電流大概是 3.26e9 pA。

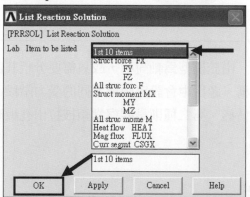

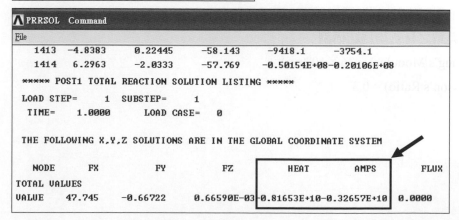

範例 6　干涉配合接觸分析

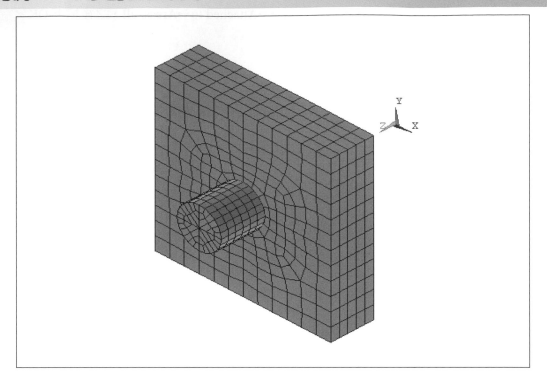

問題：題目為銷與孔板之干涉配合接觸分析。由於模型為軸對稱，故只需要分析其四分之一模型，並且設定其為四分之一軸對稱。題目中會設定兩種不同的受力階段。第一種主要是觀察其干涉配合之應力分布情形。第二種則是觀察當銷被拉出孔板時之壓力分布情形。

條件：銷的尺寸(半徑×長度) = 0.5×2.5(in)

板子的尺寸(長×寬×深) = 4×4×1(in)

板子上孔洞之尺寸(半徑×長度) = 0.49×1(in)

板子與銷之材質均為結構鋼

E(Young's Modulus) = $36×10^6$(psi)

v(Poisson's Ratio) = 0.3

一、系統環境設定

點選下拉式功能表中的 File＞Read Input from，開啟原廠圖檔資料夾下的 block.inp 檔案按下 OK，結果如下圖所示。

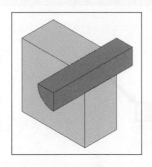

二、定義元素種類及材料性質

1. 新增元素型式

依序點選主功能表上的 Preprocessor＞Element Type＞Add/Edit/Delete，接著在對話框中按下 Add 新增元素型式。

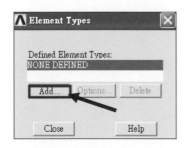

先選取元素為 Solid 接著選擇 Brick 8node 185 完成後按下 OK，再按下 Close 關閉對話框。

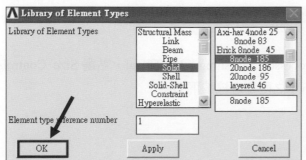
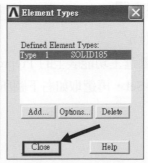

2. 設定材料性質

依序點選主功能表上的 Preprocessor＞Material Props＞Material Models，於材料性質設定對話框右側依序點選 Structural＞Linear＞Elastic＞Isotropic。

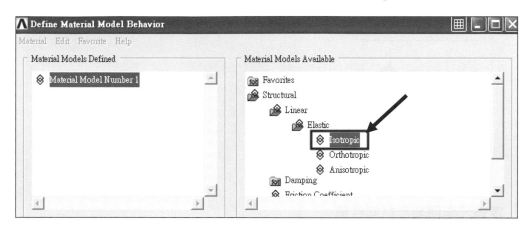

完成點選後，接著在對話框中 EX(Young's Modulus)輸入 36e6、PRXY(Poisson's Ratio)輸入 0.3 完成後按下 OK，再按下 ⊠ 離開材料性質設定對話框。

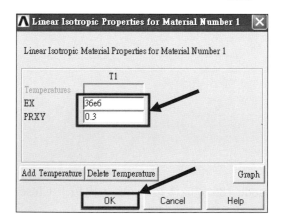

三、設定與求解

1. 網格設定

依序點選主功能表上的 Preprocessor＞Meshing＞MeshTool，點選 Size Controls 裡的 Lines-Set，再選取如右下圖所示之兩條邊線按下 OK。

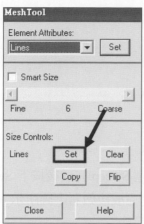
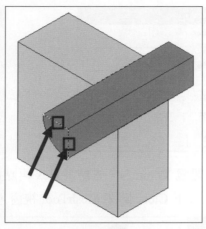

No. of element divisions 設為 3、將 SIZE,NDIV can be changed 取消勾選設為 No。

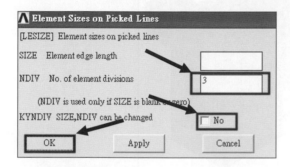

於 MeshTool 點選 Size Controls 裡的 Lines-Set，再選取如右下圖所示之邊線按下 OK。

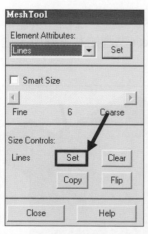
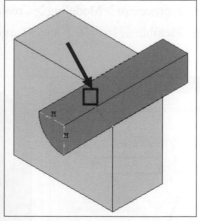

No. of element divisions 設為 4。

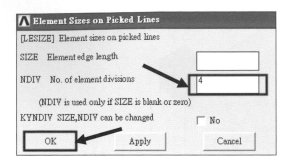

於 MeshTool 將 Mesh 設為 Volumes，先點選 Hex 再點選 Sweep 完成後按下 Sweep，
點選 Pick All，最後再按下 Close 關閉 MeshTool 視窗，完成後如右下圖所示。

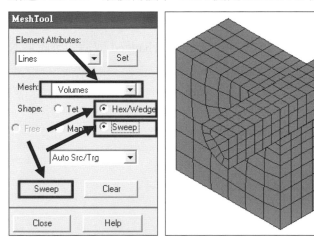

2. 設定接觸對

依序點選主功能表上的 Preprocessor＞Modeling＞Create＞Contact Pair。先點選工具列
上的 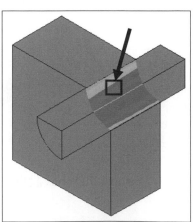 再點選 Areas、Flexible 最後再按下 Pick Target，點選如右下圖所示之平面，
完成後按下 OK。

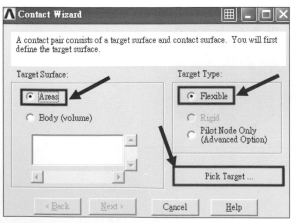

按下 Next，點選 Areas 後再點選 Pick Contact，點選如下圖所示之平面，完成後按下 OK。

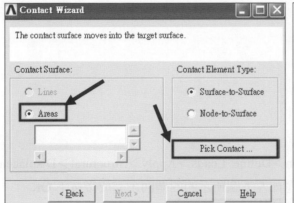

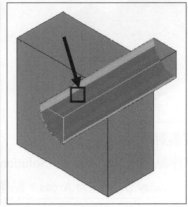

按下 Next，將 Include Initial penetration 打勾、Material ID 設為 1、Coefficient of friction 設為 0.2，按下 Optional settings，將 Basic 分頁下的 Normal penalty stiffness 設為 0.1。

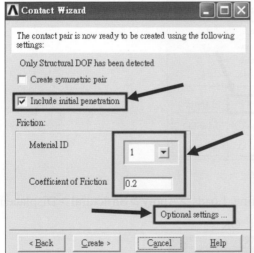

將 Friction 分頁下的 Stiffness matrix 設為 Unsymmetric 完成後按下 OK，按下 Create > 。再按下 Finish，完成後再按下 ☒ 關閉 Contact Manager 視窗。

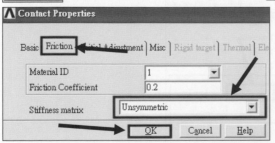

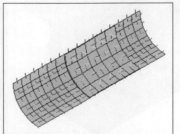

點選下拉式功能表中的 Plot＞Areas，將圖形顯示出來。

3. 定義對稱面

依序點選主功能表上的 Solution＞Define Loads＞Apply＞Structural＞Displacement＞Symmetry B.C.＞On Areas，點選如左下圖所示的四個面，完成後按下 OK。

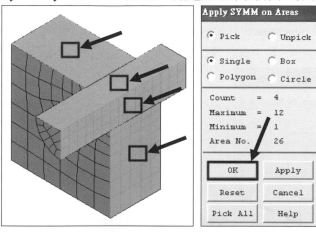

4. 邊界條件

依序點選主功能表上的 Solution＞Define Loads＞Apply＞Structural＞Displacement＞On Areas，點選模型左側之平面，按下 OK。

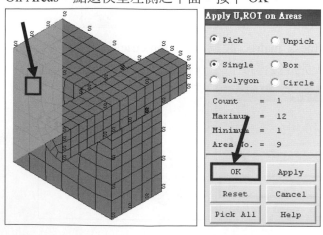

將 DOFs to be constrained 設為 All DOF，完成後按下 OK。

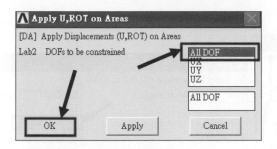

5. 大變形靜力分析設定

Load Step 1(Define interference fit analysis options)，依序點選主功能表上的 Solution＞Analysis Type＞Sol'n Controls，將 Analysis Options 設為 Large Displacement Static、Time at end of load step 設為 100、Automatic time stepping 設為 Off、Number of substeps 設為 1，完成後按下 OK。

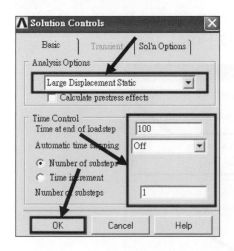

求解 Load Step 1 依序點選主功能表上的 Solution＞Current LS，按下 OK 開始執行分析。分析完畢後會彈出訊息視窗提示計算已完成，按下 Close 將其關閉，統計視窗可按下右上方 ✕ 將其關閉。

Load Step 2

點選下拉式功能表中的 Select＞Entities 如左下圖所示。接著設定選取類型為 Nodes By Location、Z coordinates、Min,Max 設為 4.5 再按下 OK，如中下圖所示。依序點選主功能表上的 Solution＞Define Loads＞Apply＞Structural＞Displacement＞On Nodes。

點選 Pick All。DOFs to be constrained 設為 UZ、Displacement value 設為 1.7，完成後按下 OK，如右下圖所示。

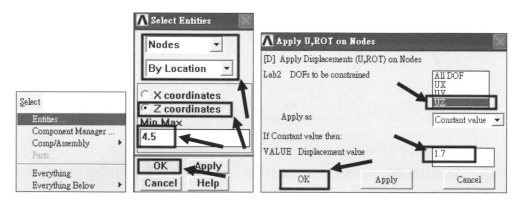

依序點選主功能表上的 Solution＞Analysis Type＞Sol'n Controls，將 Time at end of load step 設為 200、Automatic time stepping 設為 On、Number of substeps 設為 100、Max no. of substeps 設為 10000、Min no. of substeps 設為 10、Frequency 設為 Write every Nth substep、where N＝ 設為－10，完成後按下 OK。

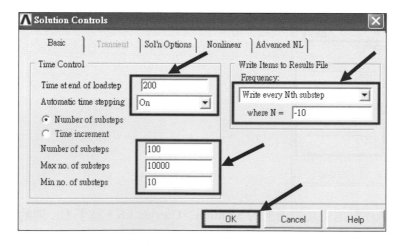

點選下拉式功能表中的 Select＞Everything，並於指令列輸入/NERR, 100, 100, OFF。

/NERR, 100, 100, OFF

求解 Load Step 2 依序點選主功能表上的 Solution＞Current LS，按下 OK 開始執行分析。分析完畢後會彈出訊息視窗提示計算已完成，按下 Close 將其關閉，統計視窗可按下右上方 ✕ 將其關閉。

四、結果

1. 顯示完整模型

   點選下拉式功能表中的 PlotCtrls＞Style＞Symmetry Expansion＞Periodic/Cyclic Symmetry，選擇 1/4 Dihedral Sym 完成後按下 OK。在點選下拉式功能表中的 Plot＞Elements，結果如右下圖所示。

   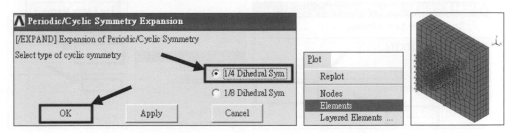

2. 觀看干涉配合之應力狀態

   依序點選主功能表上的 General Postproc＞Read Results＞By Load Step，Load step number 設為 1，完成後按下 OK，如左下圖所示。再依序點選主功能表上的 General Postproc＞Plot Results＞Contour Plot＞Nodal Solu，選擇 Stress 下的 von Mises stress，完成後按下 OK。

   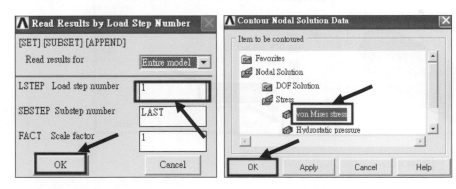

   結果如下圖所示。

   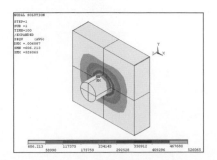

依序點選主功能表上的 General Postproc＞Read Results＞By Time/Freq，Value of time or freq 設為 120，完成後按下 OK。點選下拉式功能表中的 Select＞Entities 依序設為 Elements By Elem Name、Element name 設為 174，完成後按下 OK。

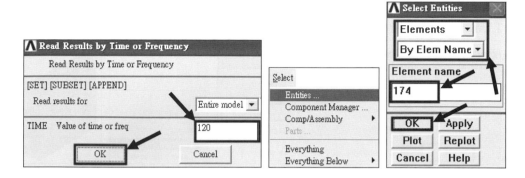

在點選下拉式功能表中的 Plot＞Elements，結果如左下圖所示；依序點選主功能表上的 General Postproc＞Plot Results＞Contour Plot＞Nodal Solu，選擇 Contact 下的 Contact Pressure，完成後按下 OK，如右下圖所示。

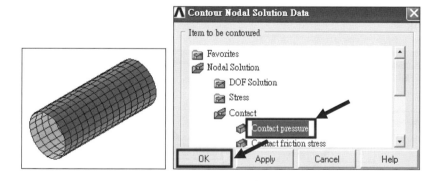

結果如下圖所示。

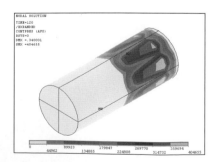

3. 觀看銷拉出時之應力狀態

點選下拉式功能表中的 Select＞Everything，依序點選主功能表上的 General Postproc
＞Read Results＞By Load Step，Load step number 設為 2，完成後按下 OK，如左下圖
所示；再依序點選主功能表上的 General Postproc＞Plot Results＞Contour Plot＞Nodal
Solu，選擇 Stress 下的 von Mises stress，完成後按下 OK。

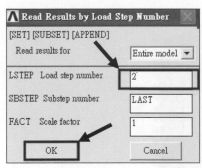
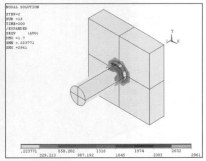

4. 動態觀看銷拉出時之應力狀態

點選下拉式功能表中的 Plot Ctrls＞Animate＞Over Results，將 Model result data 設為
Load Step Range、Include last SBST for each LDST 打勾、Auto contour scaling 設為 On、
依序點選 Contour data for animation 左邊欄位選擇 Stress 右邊欄位選擇 von Mises
SEQV，完成後按下 OK；按下 Close 可結束觀看動畫。

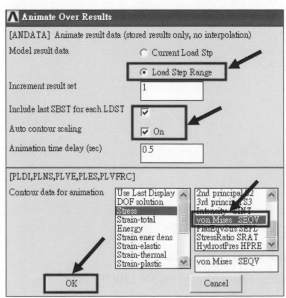
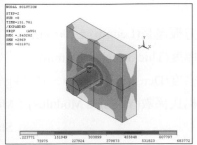

範例 7 最佳化設計

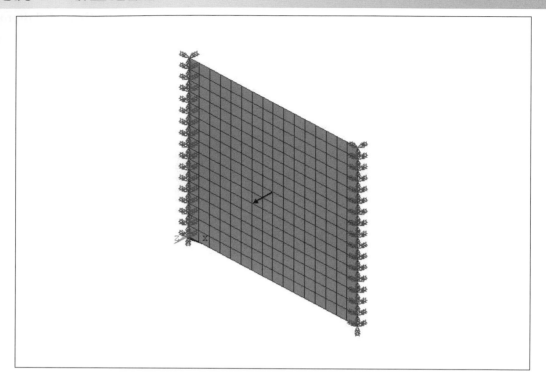

問題：一尺寸為 100 m×100 m 之方形板，厚度為 1 m，在平板正中央施以一 Z 方向的集中力，在板左右兩端夾持固定，試以在最佳化範圍進行設計。

條件：E (Young's Modulus) = 210(N/mm^2)

　　Density = 8×10^{-6}(kg/mm^3)

　　F$_Z$ = 100(N)

　　Length = 100

　　Thickness = 1(mm)

最佳化設計範圍：

　　方板邊長(Length)±10(mm)

　　厚度(Thickness)±0.1(mm)

　　密度(Density)：0.5×8×10^{-6}(kg/mm^3)～1.5×8×10^{-6}(kg/mm^3)

　　楊氏係數(Young's Modulus)：Mean value = 210(N/mm^2)

　　　　　　　　　　　　　　　　Standard deviation = 0.05×210(N/mm^2)

　　集中力(Force)：Mean value = 100(N)

　　　　　　　　　　Standard deviation = 0.1×100(N)

一、匯入檔案與匯入最佳化設計

1. 匯入檔案

   執行主功能表 Prod Design，接著由下拉式功能表 File＞Read Input form 匯入檔案路徑 C:\Program Files\ANSYS Inc\v120\ansys\data\models\plate.mac，按下 OK 匯入檔案，將分析完畢後按下 Close 關閉對話方框。註：此模型將自動分析完畢，藉由此模型進行最佳化分析。

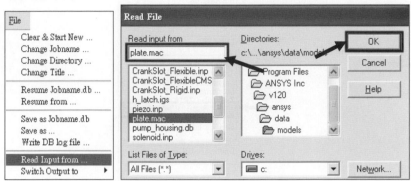

2. 匯入最佳化設計

   執行主功能表 Prod Design＞Analysis File＞Assign，在對話方框中按下 Browse 依照上述之路徑找尋 plate.mac 檔完成後，按下對話方框中的 OK。

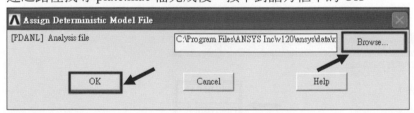

二、設定輸入與輸出

1. 設定輸入變數

   執行主功能表 Prod Design＞Prod Definitns＞Random Input，在對話方框中按下 Add。

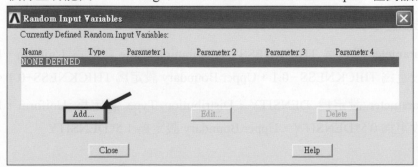

在設定變數的對話方框中，Select a Parameter 設定為 LENGTH，Distribution Type 設定為 Uniform，按下 OK 完成設定。

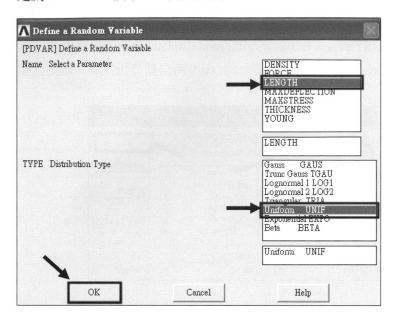

Lower Boundary 設定為 LENGTH−0.1，Upper Boundary 設定為 LENGTH+0.1，按下 OK 完成設定。

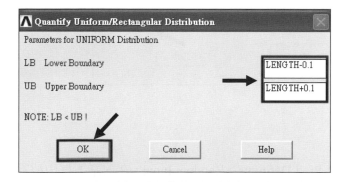

依照上述步驟設定：

Select a Parameter 設定為 THICKNESS，Distribution Type 設定為 Uniform，Lower Boundary 設定為 THICKNESS−0.1，Upper Boundary 設定為 THICKNESS+0.1。

Select a Parameter 設定為 DENSITY，Distribution Type 設定為 Uniform，Lower Boundary 設定為 0.5*DENSITY，Upper Boundary 設定為 1.5*DENSITY。

Select a Parameter 設定為 YOUNG，Distribution Type 設定為 Gauss，Mean value 設定為 YUONE，Standard deviation 設定為 0.05*YUONE。

Select a Parameter 設定為 FORCE，Distribution Type 設定為 LOG1，Mean value 設定為 FORCE，Standard deviation 設定為 0.1*FORCE。

完成上述設定後按下 Close 關閉。

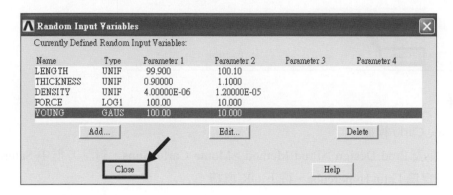

2. 設定輸出變數

執行主功能表 Prod Design＞Prod Definitns＞Random Output，在對話方框中按下 Add。

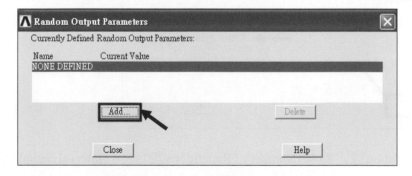

將 Select Parameter 設定為 MAXDEFLECTION，按下 OK 完成設定。

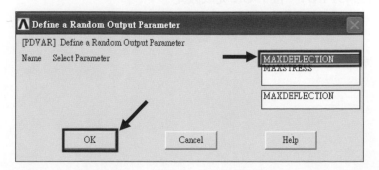

依照上述步驟將 MAXSTRESS 設定為輸出參數之一，最後按下 Close 完成設定。

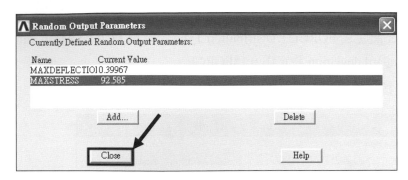

三、設定求解

1. 建立 Monte Carlo 模擬

執行主功能表 Prod Design＞Prod Method＞Monte Carlo Sims，對話方框中 Sampling Method 設定為 Latin Hypercube，按下 OK 繼續。

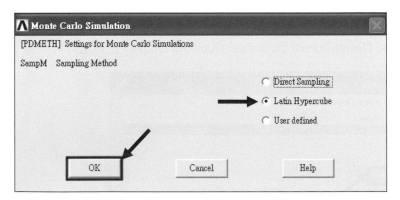

Number of Simulation 設定為 40、Number of Repetitions 設定為 1、Interval Sampl Option 設定為 Random Sampling、Autostop Option 設定為 Execute ALL Sims 及 Random Seed Option 設定為 Use 123457 INIT，按下 OK 完成設定。

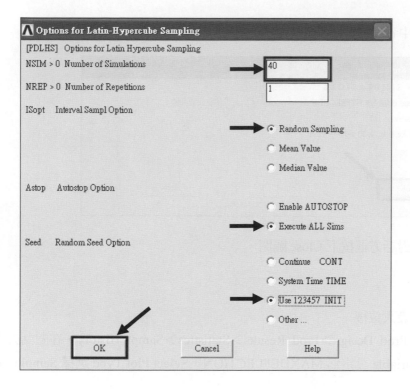

2. 執行模擬

執行主功能表 Prod Design＞Run＞Exec Serial＞Run Serial，在對話方框中 Solution Set Label 輸入 LHSRUN，接著按下 OK。

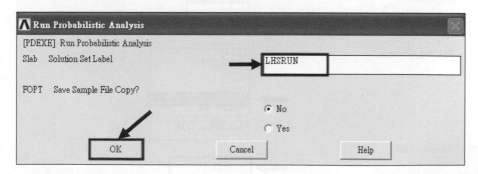

確認對話方框中資料無誤，按下 OK 開始模擬。

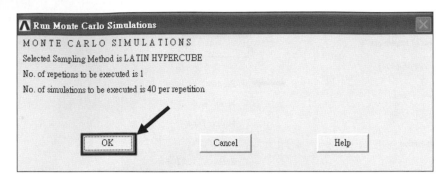

分析完畢，在對話方框按下 Close 關閉。

四、統計後處裡

1. 分析歷程圖－最大位移

執行主功能表 Prod Design＞Prod Results＞Statistics＞Sampl History，在對話方框中 Prob Design Variable 設定為 MAXDEFLECTION，Select Plot Type 選擇 Samples 完成後按下 OK。

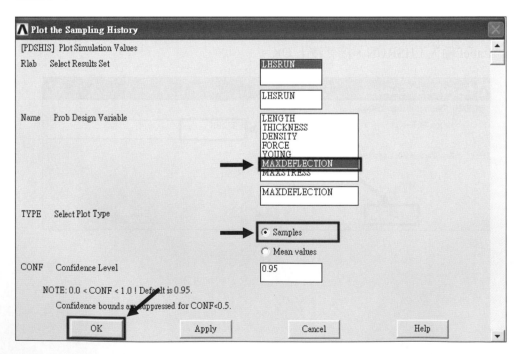

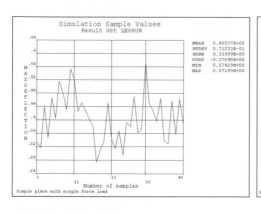

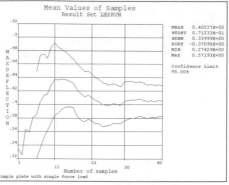

2. 分析歷程圖－平均值

   執行主功能表 Prod Design＞Prod Results＞Statistics＞Sampl History，在對話方框中 Prob Design Variable 設定為 MAXDEFLECTION，Select Plot Type 選擇 Mean value 完成後按下 OK，如右上圖所示。

3. 繪製長方圖

   執行主功能表 Prod Design＞Prod Results＞Statistics＞Histogram，在對話方框中 Prob Design Variable 設定為 MAXDEFLECTION，Type of Histogram 設定為 Relative REL，完成設定後按下 OK。

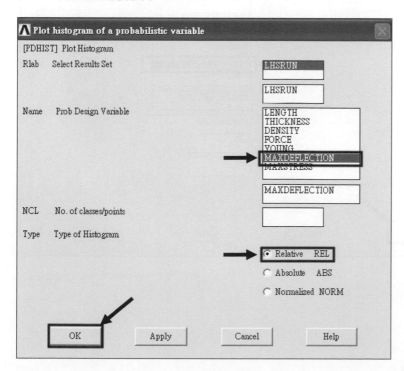

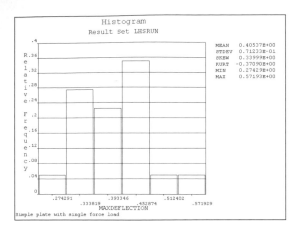

4. 繪製 CumulativeDF

執行主功能表 Prod Design＞Prod Results＞Statistics＞CumulativeDF，在對話方框中 Prob Design Variable 設定為 MAXDEFLECTION，其餘依照預設設定，完成設定後按下 OK。

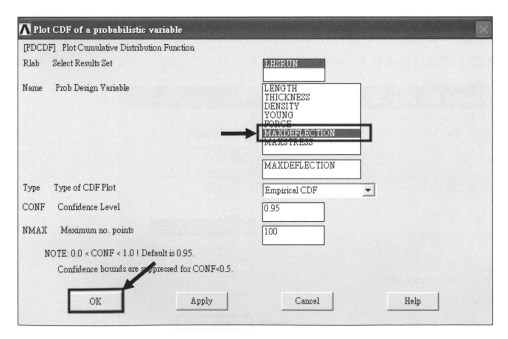

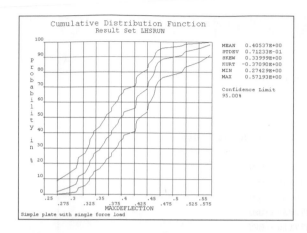

5. 顯示 Probabilities

執行主功能表 Prod Design＞Prod Results＞Statistics＞Probabilities，在對話方框中 Prob Design Variable 設定為 MAXDEFLECTION，Relation Label 設定為 Less than LT，Limit Value 設定為 0.525，完成設定後按下 OK。

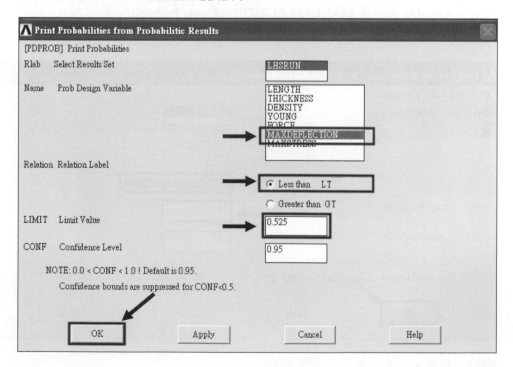

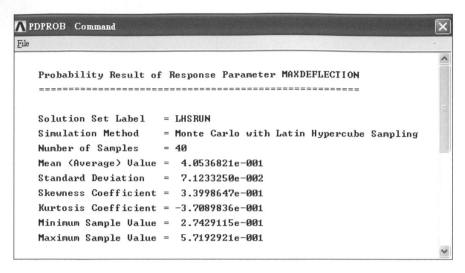

6.　顯示 Inverse Prob

執行主功能表 Prod Design＞Prod Results＞Statistics＞Inverse Prob，在對話方框中 Prob Design Variable 設定為 MAXDEFLECTION，Target Probability 設定為 0.9，完成設定後按下 OK。

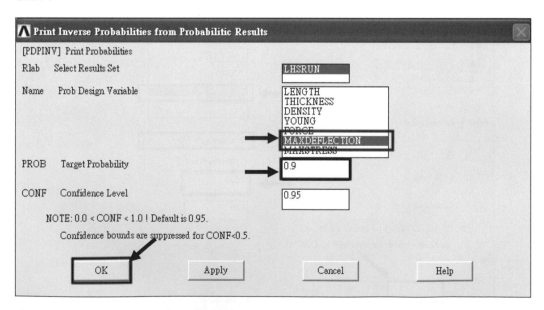

觀看完畢後，在右上角按下 ⊠ 關閉。

```
Λ PDPINV  Command                                                    ☒
File

      Inverse Probability Result of Response Parameter MAXDEFLECTION
      ==============================================================


      Solution Set Label     = LHSRUN
      Simulation Method      = Monte Carlo with Latin Hypercube Sampling
      Number of Samples      = 40
      Mean (Average) Value   =  4.0536821e-001
      Standard Deviation     =  7.1233250e-002
      Skewness Coefficient   =  3.3998647e-001
      Kurtosis Coefficient   = -3.7089836e-001
      Minimum Sample Value   =  2.7429115e-001
      Maximum Sample Value   =  5.7192921e-001


      A  90.000% probability that MAXDEFLECTION is smaller than a
certain limit value occurs at:
```

五、趨勢後處裡

1. 敏銳度

    執行主功能表 Prod Design＞Prod Results＞Trends＞Sensitivities，在對話方框中 Select
    Response Param 設定為 MAXDEFLECTION，之後按下 OK 完成設定。

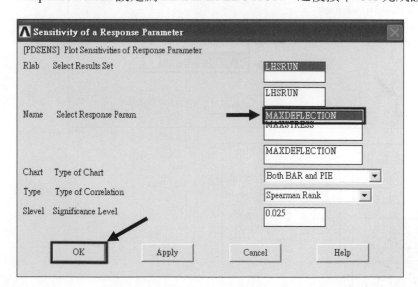

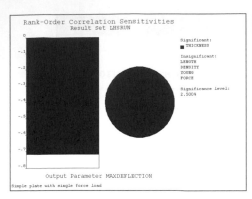
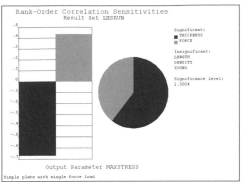

執行主功能表 Prod Design＞Prod Results＞Trends＞Sensitivities，在對話方框中 Select Response Param 設定為 MAXSTRESS，之後按下 OK 完成設定，如右上圖所示。

2. 繪製散佈圖

執行主功能表 Prod Design＞Prod Results＞Trends＞Scatter Plot，在對話方框中 Name1 Scatter Parameter 設定為 THICKNESS，Name2 Scatter Parameter 設定為 MAXDEFLECTION，其餘依照預設設定，之後按下 OK 完成設定。

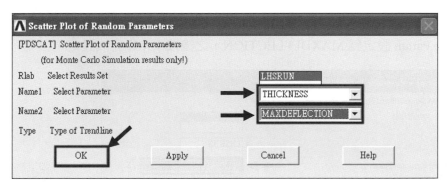

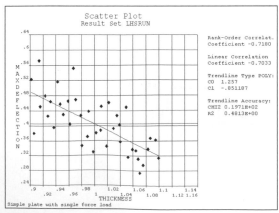

3. Correl 矩陣

執行主功能表 Prod Design＞Prod Results＞Trends＞Correl Matrix，在對話方框中 Type of Matrix 設定為 Input-Output，Type of Correlation 設定為 Spearman Rank，之後按下 OK 完成設定。

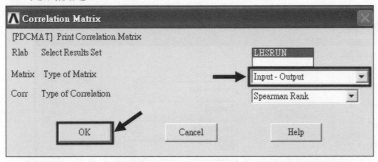

在對話方框中按下 OK。

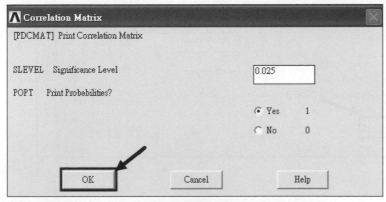

觀看完畢後，在右上角按下 ▢ 關閉。

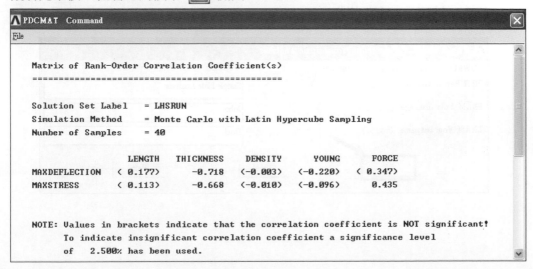

六、製作報告

1. 報告設定

   執行主功能表 Prod Design＞Prod Results＞Report＞Report Option，使用預設條件，按下 OK 完成設定。

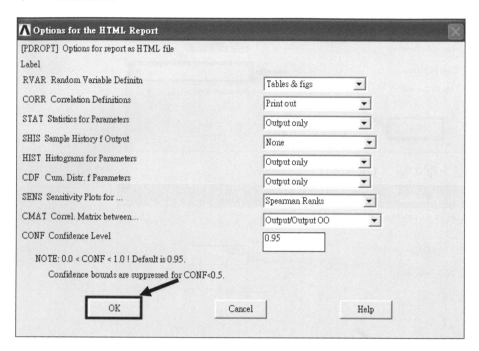

2. 產生報告

   執行主功能表 Prod Design＞Prod Results＞Report＞Generate Report，輸入報告名稱及姓名，按下 OK 產生報告。

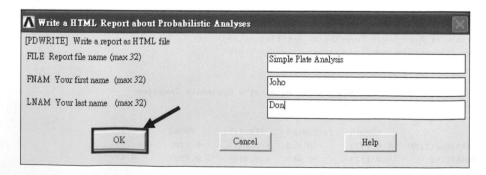

報告以 html 形式呈現，讀取路徑：

C:\Documents and Settings\Administrator\SimplePlateAnalysis\ SimplePlateAnalysis.html

Simple plate with single force load

By Joho Don

Date: August 18, 2009; Time: 25 : 01 : 22

An ANSYS Probabilistic Analysis Report

Generated by the ANSYS Probabilistic Design System

Introduction
Deterministic Model Information
Probabilistic Model Information
Probabilistic Analysis Summary
Regression Analysis Summary
Probabilistic Analysis Results

I. Introduction

The ANSYS Probabilistic Design System (PDS) analyzes a component or a system involving uncertain input parameters. These input parameters (geometry, material proerties, boundary conditions, etc.) are defined in the ANSYS model. The variation of these input parameters are defined as random input variables and are characterized by their distribution type (Gaussian, lognormal, etc.) and by their distribution parameters (mean values, standard deviation, etc.). Any interdependencies between random input variables are also defined as correlation coefficients. The important results are defined as random output parameters.

During a probabilistic analysis, ANSYS executes multiple analysis loops to compute the random output parameters as a function of the set of random input variables. The values

國家圖書館出版品預行編目資料

Ansys v12 影音教學範例 / 謝忠祐等編著. --
　　初版. -- 臺北縣土城市：全華圖書, 民 99.02
　　　面　；　公分
　　ISBN 978-957-21-7435-7(平裝附光碟片)
　　1. 電腦輔助設計　　2. 電腦輔助製造
440.029　　　　　　　　　　　　　98024550

ANSYS V12 影音教學範例

(附影音教學光碟)

作者 / 謝忠祐、蔡國銘、陳明義、林佩儒、林一嘉、林明毅

發行人 / 陳本源

執行編輯 / 翁千惠

出版者 / 全華圖書股份有限公司

郵政帳號 / 0100836-1 號

印刷者 / 宏懋打字印刷股份有限公司

圖書編號 / 06112007

初版二刷 / 2016 年 05 月

定價 / 新台幣 480 元

ISBN / 978-957-21-7435-7 (平裝附影音教學光碟)

全華圖書 / www.chwa.com.tw

全華網路書店 Open Tech / www.opentech.com.tw

若您對書籍內容、排版印刷有任何問題，歡迎來信指導 book@chwa.com.tw

臺北總公司(北區營業處)
地址：23671 新北市土城區忠義路 21 號
電話：(02) 2262-5666
傳真：(02) 6637-3695、6637-3696

南區營業處
地址：80769 高雄市三民區應安街 12 號
電話：(07) 381-1377
傳真：(07) 862-5562

中區營業處
地址：40256 臺中市南區樹義一巷 26 號
電話：(04) 2261-8485
傳真：(04) 3600-9806

版權所有 · 翻印必究

23671 新北市土城區忠義路21號

全華圖書股份有限公司

行銷企劃部　收

廣　告　回　信
板橋郵局登記證
板橋廣字第540號

歡迎加入 全華會員

● 會員獨享

會員享購書折扣、紅利積點、生日禮金、不定期優惠活動…等。

● 如何加入會員

填妥讀者回函卡直接傳真(02) 2262-0900 或寄回，將由專人協助登入會員資料，待收到
E-MAIL 通知後即可成為會員。

如何購買 全華書籍

1. 網路購書

全華網路書店「http://www.opentech.com.tw」，加入會員購書更便利，並享有紅利積點
回饋等各式優惠。

2. 全華門市、全省書局

歡迎至全華門市（新北市土城區忠義路 21 號）或全省各大書局、連鎖書店選購。

3. 來電訂購

(1) 訂購專線：(02) 2262-5666 轉 321-324
(2) 傳真專線：(02) 6637-3696
(3) 郵局劃撥（帳號：0100836-1　戶名：全華圖書股份有限公司）
※ 購書未滿一千元者，酌收運費 70 元。

OpenTech.com.tw 全華網路書店

全華網路書店 www.opentech.com.tw
E-mail: service@chwa.com.tw

※ 本會員制如有變更則以最新修訂制度為準，造成不便請見諒。

讀者回函卡

填寫日期： ／ ／

姓名： 生日：西元 年 月 日 性別：□男 □女

電話：（ ） 傳真：（ ） 手機：

e-mail：（必填）

註：數字零，請用 Φ 表示，數字 1 與英文 L 請另註明並書寫端正，謝謝。

通訊處：□□□□□

學歷：□博士 □碩士 □大學 □專科 □高中・職

職業：□工程師 □教師 □學生 □軍・公 □其他

學校／公司： 科系／部門：

・需求書類：

□A. 電子 □B. 電機 □C. 計算機工程 □D. 資訊 □E. 機械 □F. 汽車 □I. 工管 □J. 土木

□K. 化工 □L. 設計 □M. 商管 □N. 日文 □O. 美容 □P. 休閒 □Q. 餐飲 □B. 其他

・本次購買圖書為： 書號：

・您對本書的評價：

封面設計：□非常滿意 □滿意 □尚可 □需改善，請說明

內容表達：□非常滿意 □滿意 □尚可 □需改善，請說明

版面編排：□非常滿意 □滿意 □尚可 □需改善，請說明

印刷品質：□非常滿意 □滿意 □尚可 □需改善，請說明

書籍定價：□非常滿意 □滿意 □尚可 □需改善，請說明

整體評價：請說明

・您在何處購買本書？

□書局 □網路書店 □書展 □團購 □其他

・您購買本書的原因？（可複選）

□個人需要 □幫公司採購 □親友推薦 □老師指定之課本 □其他

・您希望全華以何種方式提供出版訊息及特惠活動？

□電子報 □DM □廣告 （媒體名稱 ）

・您是否上過全華網路書店？ （www.opentech.com.tw）

□是 □否 您的建議

・您希望全華出版那方面書籍？

・您希望全華加強那些服務？

~感謝您提供寶貴意見，全華將秉持服務的熱忱，出版更多好書，以饗讀者。

全華網路書店 http://www.opentech.com.tw 客服信箱 service@chwa.com.tw

2011.03 修訂

親愛的讀者：

感謝您對全華圖書的支持與愛護，雖然我們很慎重的處理每一本書，但恐仍有疏漏之

處，若您發現本書有任何錯誤，請填寫於勘誤表內寄回，我們將於再版時修正，您的批評

與指教是我們進步的原動力，謝謝！

全華圖書 敬上

勘 誤 表

頁 數	行 數	書 名	作 者
		錯誤或不當之詞句	建議修改之詞句

我有話要說： （其它之批評與建議，如封面、編排、內容、印刷品質等・・・）